The new generation of artificial intelligence and voice recognition

新一代人工智能与语音识别

马延周 著

Ma Yanzhou

清华大学出版社

北京

内容简介

有关俄语语音识别的研究在中国尚处于起步阶段，此技术在中俄两国的民间交流和军事交往中发挥着重要作用。本书充分利用了新一代人工智能技术的研究成果，介绍了基于新闻语料的俄语连续语音识别技术。本书的目标是建立基于 Kaldi 环境设计并实现的俄语连续语音识别原型系统，使其同时具备在线识别功能和离线识别功能，以验证声学模型和语言模型的优化算法的有效性，进而为面向特定领域的俄语语音识别实用系统的研发提供理论方法、实验数据和关键技术支撑。为了实现上述目标，本书详细介绍了俄语语音语料的采集、加工、处理，俄语文本语料的采集、清洗、过滤，俄语发音词典的自动预测、生成，声学模型建模基本单元（音素集）的确定，声学模型和语言模型的优化。

本书可作为高等院校外国语言学及应用语言学专业、电子信息和通信类专业本科生及研究生的教学参考书，也可供语音信息处理与应用开发等领域的研究人员使用。

图书在版编目（CIP）数据

新一代人工智能与语音识别/马延周编著. —北京：清华大学出版社，2019（2023.11 重印）
ISBN 978-7-302-52384-0

Ⅰ. ①新… Ⅱ. ①马… Ⅲ. ①人工智能－应用－俄语－新闻语言－研究 ②语音识别－应用－俄语－新闻语言－研究 Ⅳ. ①TP18 ②TN912.34 ③G210

中国版本图书馆 CIP 数据核字(2019)第 038778 号

责任编辑：郭　赛
封面设计：何凤霞
责任校对：梁　毅
责任印制：宋　林

出版发行：清华大学出版社
网　　址：http://www.tup.com.cn，http://www.wqbook.com
地　　址：北京清华大学学研大厦 A 座　　**邮　　编**：100084
社 总 机：010-83470000　　**邮　　购**：010-62786544
投稿与读者服务：010-62776969，c-service@tup.tsinghua.edu.cn
质量反馈：010-62772015，zhiliang@tup.tsinghua.edu.cn
课件下载：http://www.tup.com.cn，010-83470236
印 装 者：三河市人民印务有限公司
经　　销：全国新华书店
开　　本：185mm×260mm　　**印　　张**：10　　**字　　数**：238 千字
版　　次：2019 年 7 月第 1 版　　**印　　次**：2023 年11月第6次印刷
定　　价：44.50 元

产品编号：082543-01

序

自动语音识别(Automatic Speech Recognition,ASR)是自然语言处理(Natural Language Processing,NLP)的一个重要领域。

世界上第一台能够自动识别语音的机器当属一种名为 Radio Rex 的玩具。这种玩具出现于 20 世纪 20 年代。Radio Rex 是一个用赛璐璐材料制作成的玩具狗,它受到一根弹簧的控制,弹簧在 500Hz 的声音频率下会释放,弹簧一旦释放,玩具狗就会动起来。由于 500Hz 的频率粗略等于单词 Rex 中元音的第一个共振峰的频率,因此当人们说出 Rex 的时候,这只叫作 Radio Rex 的玩具狗就会在人们的呼唤声中自动走过来。

20 世纪 40 年代末至 50 年代初,美国建立了一系列机器语音识别系统。早期,美国贝尔实验室中的系统可以识别一个单独说话人讲出的 10 个数字中的任何一个,这个系统存储了不依赖于说话人的 10 个模式,每个数字各有一个模式,每个模式都代表每个数字中的前两个元音的共振峰,研究人员通过选择与输入语音存在最高相关系数的方法使数字的语音识别正确率达到了 97%～99%。

英国伦敦大学的 Fry 和 Denes 建立了一个音位识别系统,根据模式识别原则,该系统能够识别英语中的 4 个元音和 9 个辅音。Fry 和 Denes 研发的系统首次使用了音位转移概率对语音识别系统进行约束。

20 世纪 60 年代末至 70 年代初出现了许多重要的创新性研究成果。

首先,出现了一系列特征抽取算法,包括高效的快速傅里叶变换(Fast Fourier Transform,FFT)、倒谱(cepstrum)处理在语音中的应用以及语音编码中的线性预测编码(Linear Predictive Coding,LPC)的研制。

其次,提出了一些处理翘曲变形(warping)的方法,当与存储模式匹配时,通过展宽和收缩输入信号的方法处理说话速率和切分长度的差异。解决这些问题的最自然的方法是动态规划(dynamic programming)。在研究这个问题的时候,同样的算法被多次重新提出。最早把动态规划应用于语音处理技术的人是 Vintsyk,尽管他的成果没有被其他研究人员提及,但是后来有很多研究者都再次重复了他的发明。随后,Itakura 把这种动态规划的思想和 LPC 系数相结合,并首次在语音编码中使用,他建立的系统可以抽取输入单词中的 LPC 特征,并使用动态规划的方法把这些特征与存储的 LPC 模板相匹配。这种动态规划方法的非概率应用是对输入语音进行模板匹配,称为动态时间翘曲变形(dynamic time warping)。

最后是隐马尔可夫模型(Hidden Markov Model,HMM)的兴起。1972 年前后,美国的研究人员分别在两个实验室独立应用 HMM 研究语音问题。其中一部分的应用是由一些统计学领域的工作引起的,Baum 和他的同事在普林斯顿国防分析研究所研究 HMM,并把它应用于各种预测问题的解决。James Baker 在于卡内基-梅隆大学(Carnegie-Mellon University, CMU)攻读硕士期间研究了 Baum 等人的工作内容,并把他们的算法应用于语音处理。同时,在 IBM 公司的 Thomas J. Watson 研究中心,Frederick Jelinek、Robert Mercer、Lalit Bahl 独立把 HMM 应用于语音研究,他们在信息模型方面的研究受到了 Shannon 的影响。IBM 的系统和 Baker 的系统非常相似,都使用了贝叶斯(Bayes)算法,不同之处是早期的解码算法。Baker 的 DRAGON 系统使用了维特比(Viterbi)动态规划解码,而 IBM 系统则应用了 Jelinek 的栈解码算法。Baker 在建立 DRAGON 系统之前曾经短期参加过 IBM 小组的工作。IBM 的语音识别方法在 20 世纪末期完全主导了语音识别领域,IBM 实验室是把统计模型应用于自然语言处理的推动力量,他们研制了基于类别的多元语法模型,研制了基于 HMM 的词类标注系统,研制了统计机器翻译系统,他们还使用熵和困惑度作为评测系统的度量指标。

HMM 逐渐在语音处理界流传开来,原因之一是美国国防部(U. S. Department of Defense)高级研究计划署(Advanced Research Projects Agency,ARPA)发起了一系列相关研究和开发计划。第一个“五年计划”始于 1971 年,目标是建立基于少数说话人的语音理解系统。这个系统使用了一个约束性语法和一个词表(包括 1000 个单词),要求语义错误率低于 10%。ARPA 资助了四个系统,并且对它们进行了比较,这四个系统是:系统开发公司的系统(System Development Corporation,SDC)、Bolt, Beranek & Newman (BBN)的 HWIM 系统、卡内基-梅隆大学的 Hearsay-Ⅱ系统和 Harpy 系统。其中,Harpy 系统使用了 Baker 基于 HMM 的 DRAGON 系统的简化版本,在评测系统时得到了最佳成绩。对于一般任务,Harpy 系统的语义正确率达到了 94%,是唯一一个达到了 ARPA 计划目标的系统。

自20世纪80年代中期开始，ARPA陆续资助了一些新的语音研究计划。第一个计划的任务是资源管理(Resource Management，RM)，与ARPA早期的课题类似，其主要进行阅读语音(说话人阅读的句子的词汇量包含1000个单词)的转写(即语音识别)，但这个系统还包括一个不依赖于说话人的语音识别装置。该计划的另一个任务是建立《华尔街杂志》(*Wall Street Journal*)的句子阅读识别系统，该系统的初始词汇量被限制在5000个单词以内，到最后，系统已经没有了词汇量的限制。事实上，大多数系统的词汇量都已经有了约6万个单词。后来的语音识别系统能够识别的语音已经不再是简单的阅读语音了，而是更加自然的语音。其中，广播新闻识别系统可以转写广播新闻，甚至转写那些非常复杂的新闻，如现场采访；还有CallHome系统、CallFriend系统和Fisher系统，它们可以识别人们在电话交流中的自然对话。空中交通信息系统(Air Traffic Information System，ATIS)属于语音理解领域的课题之一，该系统可以帮助用户预订飞机票，回答用户关于航班、飞行时间、日期等方面的问题。

ARPA计划大约每年进行一次汇报，参加汇报的除了有ARPA资助的课题以外，还有来自北美和欧洲的其他“志愿者”系统，汇报时将分别测试各个系统的单词错误率和语义错误率。在早期测试中，营利型公司一般不参加比赛，但是随着时间的推移，很多公司开始积极参赛(特别是IBM公司和AT&T公司)。ARPA的比赛促进了各个实验室之间的借鉴和交流，因为在比赛中可以很容易地看出大家过去一年的研究进展和成果，这成为了HMM模型能够传播到每一个语音识别实验室的重要因素。ARPA的计划也造就了很多有用的数据库，这些数据库原来都是为了评估而设计的训练系统和测试系统(如TIMIT、RM、WSJ、ATIS、BN、CallHome、Switchboard、Fisher)，但是后来却都在其他总体性研究中得到了应用。

中国在语音自动处理领域也取得了很不错的成绩。于1999年6月9日成立的安徽科大讯飞信息科技股份有限公司(简称科大讯飞)是一家专门从事智能语音及语音技术研究、软件及芯片产品开发、语音信息服务的国家级骨干软件企业。科大讯飞推出的产品包括大型电信级的应用到小型嵌入式的应用，电信、金融等行业到企业和家庭用户，PC到手机再到MP3、MP4、PMP和玩具，能够满足不同的应用环境。科大讯飞占有中文语音技术市场60%以上的市场份额，以科大讯飞为核心的中文语音产业链已经初具规模。

由以上介绍不难看出，自动语音识别是一个交叉学科，需要具备语言学、计算机科学、声学等领域的知识。

本书作者马延周不惧困难，他努力进行知识更新后的再学习，根据俄语语音的特点优化了声学层的 HMM 模型，采用较好的算法解决了训练数据不足和训练速度慢的问题；他还在具有较强背景噪声和多个说话人的环境下采用了降噪技术，增强了俄语语音识别的健壮性；此外，他还利用了各种能够辅助俄语语音识别的语言信息，除了俄语语音的频谱特征参数、能量参数、韵律参数以外，他还综合利用了俄语构词规则、变格变位规则、句法表现形式以及语义辨析和语境条件，有效地降低了俄语语音识别的错误率。

在研究过程中，作者建立了基于众包的俄语语音标注平台和语音语料库，设计了面向俄语新闻网页文本数据过滤清洗系统的俄语文本语料库，为俄语连续语音识别系统的研究开辟了新途径。作者还构建了一个具有一定规模的俄语发音词典，可以将俄语文本转写为相应的俄语标准发音，并对俄语语音识别中的音素集和字音转换规则进行了优化，降低了声学模型的训练难度，提高了模型的训练效果。最后，作者设计并实现的俄语连续语音识别原型系统同时具有在线识别功能和离线识别功能，这在一定程度上填补了中国俄语语音识别研究领域的空白。

本书详细阐述了作者的创新性研究，值得我们认真学习，是为序。

冯志伟

2019 年 6 月 5 日

前言

随着人工智能、计算技术和信号处理技术的飞速发展，以及自然语言与计算机网络的结合，语言的功能已由人际交流延伸至人机交流和机机交流，而实现这一目标的重要前提是计算机能够听懂并识别和理解人类的语言。当前，作为人机交互的关键技术，语音信息智能处理已成为网络空间环境下世界各国研究者广泛关注的热点问题之一。尤其是随着新媒体的出现和大数据的兴起，人们迫切需要对具有多通道、多来源、多语言特征的海量语音信息技术进行深化研究与创新突破，此项技术的战略意义和安全价值日渐突显。

近年来，国内外众多科研院所和企业都对英文和中文语音识别进行了深入的探索和研究，开发了一系列实用化系统，但是在俄语语音识别领域，尤其是对连续语音识别的研究还相对薄弱。本书通过考察分析国内外语音识别技术的研究现状及存在的难题，重点研究俄语连续语音识别的基本原理和关键技术，尝试采用深度神经网络(DNN)的声学模型优化训练方法，设计俄语连续语音识别原型系统。

本书试图解决以下三个问题：

(1) 俄语新闻语音语料和文本语料的采集、过滤、清洗、标注及建库方法；

(2) 建立基于 DNN 的声学模型和基于 SRILM 的语言模型，分析两类模型的训练算法优化和训练结果，并通过对比预测生成适用于语音识别的俄语发音词典；

(3) 设计与实现兼具在线和离线识别功能的俄语连续语音识别原型系统，并对原型系统的性能进行测试验证。

本书取得的主要成果如下：

(1) 在俄语声学模型训练过程中设计了基于众包的语音标注平台，建立了360小时的俄语新闻标注语音语料库，形成俄语语音识别音素集，采用DNN的优化训练方法生成了大小为59.7MB的声学模型；

（2）在俄语语言模型训练过程中设计了俄语新闻文本语料过滤清洗系统，建立了10GB规模的纯净可训练俄语文本语料库，采用SRILM的优化训练方法生成了大小为1.21GB的四元剪枝语言模型；

（3）通过数据驱动的方法预测生成包含76277个词形的俄语发音词典，利用该词典的数据资源，并基于Kaldi进行二次开发，实现了具有在线识别和离线识别功能的俄语连续语音识别原型系统，可以为面向特定领域的俄语语音识别实用系统的研发提供基础理论和关键技术支撑。

马延周

2019年7月

目录

第0章 绪论

0.1 研究依据

在信息化社会中，以语言信息处理为核心的语言技术已成为当代科技创新的重要基础、动力和源泉。信息技术为人类创造了一个新的虚拟世界，改变了人类的生存方式和生活方式。利用语音技术而开发的智能手机、语音云驾驶系统、语音智能搜索引擎等智能化互动产品，为人们的日常生活和社会交往带来了极大便利。

近年来，高性能计算、信号处理、模式识别及声学技术发展迅速，针对不同应用需求而研究开发语音识别系统已成为可能，因此语音识别技术在工业生产、交通运输、国防安全等众多领域得到了广泛的推广和应用。目前，语音识别所涉及的语种得以扩展。就俄语语音识别而言，对大词汇量、非特定人、连续语音识别的研究仍然面临着许多困难，与人们预期的目标还有较大距离。俄语连续语音识别面临的主要难题有：①在声学层面，俄语的重音变化及自由重音现象难以处理；②俄语语音识别系统的适应性较弱，随着语言交际环境的变化，系统的性能会严重下降；③噪声环境和传输设备会直接影响俄语语音特征的提取，如何排除环境噪声的干扰以提升识别性能也是一大难题；④因发音人不同或随发音人的生理及心理状态的变化，俄语发音特征会产生很大的差异性；⑤在俄语连续语流中，语音的基本单元(如音素、词形等)之间存在协同发音，由于边界模糊而导致难以进行精确的语音分割。

语音信号的端点检测方法是判定语音识别准确率的重要手段，即使在纯净环境下，语音识别系统50%的错误识别均来自端点检测。因此，俄语大词汇量连续语音识别系统的开发必须解决上述难题，才能在一定程度上提高识别的速度和准确率。

鉴于俄语连续语音识别研究中存在的诸多难题，本书集中研究以下三个主要方面：①优化声学层模型，合理利用俄语语音学和计算语音学知识，改进声学模型结构，采用更好的算法以解决训练数据不足和训练速度慢的问题；②增强俄语语音识别的健壮性，在具有较强背景噪声或多说话人参与的环境下采用降噪技术，进而增强俄语语音识别系统的适应性；③充分利用一切能够辅助俄语语音识别的语言信息。除俄语语音的频谱特征参数、能量参数、韵律参数之外，还要综合利用俄语构词及词变规则、句法表现形式甚至语义辨析和语境条件，从而有效降低语音识别的错误率。

0.2 研究对象与研究目标

本书的研究对象是基于标注新闻的俄语大词汇量连续语音识别的基本原理和关键技术，主要包括以下几点。

1. 俄语语音语料库和文本语料库的构建

大规模语音语料库和文本语料库是语音识别系统的重要基础性资源，实证语料数据的规模与加工质量直接影响着俄语声学模型与语言模型训练的效果。目前，国内外已有一些 IT 企业和研究机构（如 ELDA、LDC、海天瑞声）能够提供大量语音和文本数据库资源，可用于本研究的俄语声学模型和语言模型的构建与训练。

2. 俄语声学建模的基本识别单元的选定

基于计算语音学的理论方法构建俄语声学模型，其目的在于利用高效的算法计算俄语语音的多维特征矢量序列和每一个发音模板之间的距离。充分利用俄语语言学及语音学的知识，设计基于 HMM 的俄语音素模型，提取声学基元，利用有效的相关算法训练 HMM 模型，这对于扩大声学模型的训练数据规模、增强识别系统的准确率和灵活性均具有重要作用。

3. 俄语语言模型中数据稀疏问题的求解

俄语新闻文本语料库的覆盖度不全面，可能导致一些语言现象无法统计，进而导致在已建立的语言模型中检索不到与该模型对应的某些语言现象，即概率为零且无法识别，因此造成语言模型的数据稀疏问题。鉴于此，需要尽可能全面地采集并加工处理俄语新闻文本语料，为俄语语言模型的有效训练提供覆盖面更大的实证数据支撑。

本书的研究目标包括：基于 Kaldi 设计实现俄语连续语音识别原型系统，使之具备在线识别和离线识别功能，以验证声学模型和语言模型优化算法的有效性，进而为面向特定领域的俄语语音识别实用系统的研发提供理论方法、实验数据和关键技术支撑。为了实现上述目标，需要进行如下环环紧扣的操作步骤：俄语语音语料的采集、加工、处理，俄语文本语料的采集、清洗、过滤，俄语发音词典的自动预测生成，声学模型建模的基本单元(音素集)的确定，声学模型和语言模型的优化等。

0.3 研究方法

1. 语音数据加工处理方法

基于众包模式设计开发俄语语音标注平台，通过标注规范制定和标注质量控制等手段，对采集的俄语语音进行规范化标注，注重提高语音标注的效率。

2. 声学模型构建方法

根据俄语语音学规律和连续语流的发音特点，通过 HMM-GMM 和 HMM-DNN 进行对比实验，优化设计基于 SAMPA 的俄语音素集以训练声学模型；采用 Phonetisaurus 和 Sequitur 算法，验证俄语字音转换的有效性。

3. 语言模型构建方法

通过编写程序，从通用和特定领域的网站上下载俄语新闻类网页，设计网页文本清洗过滤系统，生成可用于训练的纯净文本。基于 SRILM 训练四元语言模型，采用 Katz 和 KN 算法对数据稀疏问题进行平滑处理，采用 REP 等剪枝算法对语言模型进行剪枝优化，生成效率更高的四元语言模型。

4. 俄语连续语音识别原型系统的设计与实现方法

基于 Kaldi 平台设计研发俄语连续语音识别原型系统，设计图形用户界面(Graphical User Interface，GUI)，实现在线识别功能；利用 GPU 优化算法大幅降低计算时间，提高计算效率，通过不断扩充语料数据规模提高俄语语音的识别准确率。

0.4 研究意义

1. 理论意义

俄语语音识别的基本原理与方法研究可以为从语言类型学角度开展的与俄语相关的其他语种语音识别研究提供参考借鉴。俄语语音识别是一项综合性基础研究课题，需要综合运用语音学和语言学知识、语言计算方法和人工智能技术，相关成果可以为深入研究俄语语音信息处理奠定坚实的理论基础。

2. 实践意义

俄语语音识别技术具有广泛的实际应用价值，不仅有助于推进俄语实验语音学的纵深发展，而且有助于研发具有俄语语音对话功能的智能化信息产品。本书开发的俄语大规模语音语料库和文本语料库、俄语发音词典和俄语连续语音识别原型系统，在经过数据规模扩充训练和相关算法的进一步优化后，必将在俄语语音教学、网络环境下的俄语实时通信、多用途俄语语音信息处理等领域发挥显著效益。

0.5 本书的创新点

本书的创新之处主要体现在以下三个方面。

① 设计建立了基于众包的俄语语音标注平台和语音语料库，可用于建立并有效训练俄语声学模型；通过设计面向俄语新闻网页文本数据的过滤清洗系统而构建的俄语文本语料库，可用于建立并有效训练语言模型，这两类模型的建立为俄语连续语音识别系统的研究开辟了新途径。

② 自动预测生成的俄语发音词典是连续语音识别系统的核心资源，利用发音词典数据资源可将俄语文本转写为相应的俄语标准发音，并对俄语语音识别音素集和字音的转换规则进行优化，进而降低声学模型的训练难度，提高该模型的训练效果；采用KN、Katz 等数据平滑算法和 REP 等剪枝算法，能够在 WER 基本不变的情况下降低语言模型的规模。

③ 设计实现的俄语连续语音识别原型系统具有在线识别和离线识别功能，这在中国俄语学界和俄语信息处理领域尚属首次探索性研究，它在一定程度上填补了中国俄语语音识别研究的某些空白，相关成果将为面向特定领域的俄语语音识别实用系统的研发提供基础理论和关键技术支撑。

0.6 语料来源

1. 俄语语音语料来源

所采集的语音语料主要涉及俄罗斯时事新闻，包括俄语网络语音、俄语电视台、俄语广播电台、校园网 IPTV、通过录音软件对指定俄语文本的录音等。

语音语料加工处理：以基于众包的语音标注平台为主、以 Praat 人工标注为辅，对所采集到的各类语音语料进行标注。

2. 俄语文本语料来源

主要通过通用领域和特定领域这两种途径采集俄语文本语料。

① 通用领域。从36个俄语网站采集政治、经济、文化、军事、体育等不同领域的新闻语料，经过过滤清洗，生成可训练的文本语料，规模约9GB。

② 特定领域。从Twitter爬取消息类俄语文本，通过过滤清洗和系统去噪，生成约1GB的纯净文本语料。

俄语文本语料主要通过36个俄语网站和Twitter获取，其中以政治、经济、军事、文化、体育等领域的俄语新闻语料居多，消息类俄语文本语料较少，经过清洗过滤和去噪处理，分别生成可训练的新闻类文本语料规模约7.8GB、消息类纯净文本语料规模约2.2GB。

3. 俄语发音词典语料来源

通过网络采集大约1000个俄语常用单词的发音信息，利用Phonetisaurus和Sequitur两种算法，通过迭代预测自动生成约9万个俄语单词的发音形式，经过适当的人工干预，最终形成包含76277个词形的俄语发音词典。

0.7 本书的结构

本书由七个部分组成，主体部分为第1～5章，各部分的研究内容如下。

绪论部分简要论述本书的选题依据、研究对象与研究目标、研究方法与研究意义、创新点、语料来源和本书的结构。

第1章“语音识别技术研究综述”。首先，对语音识别技术的相关概念进行界定，阐述语音识别的基本类型；对近60年来国内外语音识别技术的发展概况和俄语连续语音识别的研究现状进行评析；最后，重点阐述语音识别系统研发的基本原理，明确指出建立声学模型和语言模型是俄语连续语音识别研究需要解决的关键问题。

第2章“语音数据的加工处理”。语音语料数据加工处理是语音识别研究的重要环节，俄语声学模型的建模需要以大规模语音语料为基础。本章尝试引入众包思想，简述众包的基本概念及解决方案，设计并开发基于校园网的语音标注平台，制定俄语语音标注规范和质量控制策略，通过手工标注和平台标注的实验对比验证语音标注平台的有效性。

第3章“俄语声学模型的建立”。主要探究适用于俄语连续语音识别的声学模型的构建与训练方法，它是本书的核心内容之一。首先，描述连续语音识别系统的整体构架，并对声学模型的两种训练方法（HMM-GMM 和 HMM-DNN）进行比较；然后，阐释俄语音素的发音特征及元音和辅音音素的随位变化规律，确定俄语声学基本单元，设计和建立俄语 SAMPA 音素集；最后，采用 G2P 算法对比和验证音素集设计的合理性和有效性，并分析实验结果。

第 4 章“俄语语言模型的建立”。主要探究俄语语言模型及其优化测试方法，它是本书的另一个核心内容。首先，简述语言模型的基本理论；然后，描述语言模型的平滑技术和剪枝算法、基于 SRILM 的语言模型训练流程以及词典选取等问题；最后，通过实验分析和验证语料规模、语料分类及相关算法对语言模型优劣的影响。

第 5 章“基于 Kaldi 的俄语语音识别原型系统”。本章对前述理论成果进行综合集成，并尝试向工程实践转化，以突显研究成果的示范应用。首先，阐明基于 Kaldi 平台的系统设计目标和原则、系统开发环境与整体架构、Kaldi 实验环境的搭建与模型训练的优化方法；然后，采用图形处理器设计和实现具有在线识别和离线识别功能的俄语连续语音识别原型系统；最后，通过基于 HMM-GMM 与 HMM-DNN 的识别结果比较、语音数据规模与 DNN 的关系、语言模型与识别结果的关系这三个实验，对原型系统的识别准确率、优化算法对识别结果的影响等进行测试验证。

结论部分总结本书的研究内容、取得的主要成果以及存在的问题，并对下一步的研究计划进行展望。

第1章 语音识别技术研究综述

语音识别技术的研究起始于20世纪50年代，由于受到当时计算能力的限制，直到20世纪70年代才出现了一些实验性研究成果。自21世纪以来，语音识别技术取得了许多突破，并得到了广泛的应用。当前，尽管语音识别技术相对成熟，但在大规模语音语料的实时采集与精准标注、特定语种的音素集设计与优化、语音识别的鲁棒性增强等方面依然面临诸多难题。尤其是在多语言网络环境下，语音识别的多语种拓展成为亟待研究的时代课题。本章将结合语音识别的研究进展及发展趋势，重点梳理国内外俄语连续语音识别技术的研究状况。

1.1 语音识别的定义与分类

1.1.1 语音识别的定义

众所周知，自动语音识别（Automatic Speech Recognition，ASR）是指让机器识别人说出的话，即将语音转换成相应的文本内容，然后根据内容信息执行人的某种意图。自动语音识别又称自动言语识别[①][②]，这项任务涉及将输入声学信号与存储在计算机内存的词表（语音、音节、词等）相匹配，而匹配个别语词的标准技术则要用输入信号与预存的波形（或波形特征/参数）相比较（模型匹配）。计算机需要一段训练期，期间它接受一个或多个说话人提供的一批口语例词，将其平均后得出典型的波形。同时，还需要考虑输入时的可变语速，大多采用动态时间调整技术，将输入信号的音段与模板中的音段匹配起来。ASR更富挑战性的目标是处理连续言语

---

① http://baike.baidu.com/view/652891.htm.

② https://en.wikipedia.org/wiki/Speech_recognition.

(即连续语音识别),这种处理需要向计算机提供语音和音素切分的典型模式的信息,以及形态和句法信息。

语音识别是电子工程专业的一个分支学科,它与语言语音学、生理学、心理学、计算机科学和人工智能等学科存在千丝万缕的联系。俄罗斯学者 P. K. Потапова 将自动语音识别归属于言语控制论的研究范围,并且指出无限制的连续言语识别问题是语音识别研究中最困难的任务。毋庸置疑,利用先进计算技术、信号处理技术和声学技术而研制的语音识别系统能够满足众多领域的现实需要。

近年来,语音识别技术在交通运输、航空航天、公共安全、国防安全等诸多领域,尤其是在计算机、信息处理、通信与电子系统、自动控制等领域有着广泛的应用。随着相关技术的不断进步和应用需求的拓展,语音识别研究已扩展至多语种,并且识别的准确率也在不断提升,比如现在利用智能手机的语音助手不仅可以通话、发信息,还能够查询各类生活信息,甚至可以进行语音聊天等。

1.1.2 语音识别的分类

语音识别根据不同的方式有不同的分类方法。

(1) 根据词汇量的大小,可分为小、中和大词汇量。小词汇量定义为 100 个词以下、中词汇量定义为 100～500 个词、大词汇量定义为 500 个词以上。词汇量越多,语音识别的难度越大。

(2) 根据发音的方式,可分为孤立词、连接词和连续语音识别。孤立词识别不考虑上下文之间的关系,只识别孤立的词。连续语音识别要考虑上下文之间的相互影响,识别的对象是连续的、没有间断的语音流。连接词识别介于孤立词识别和连续语音识别之间,音与音之间有一定的停顿。

(3) 根据说话人的不同,可分为非特定人和特定人。非特定人强调只识别其发音,不确定某个人;而特定人指仅识别某个特定的人,有确定的意图。

语音识别的实现难度最小的是特定人、小词汇量、孤立词的识别,而非特定人、大词汇量、连续语音的识别的实现难度最大。顺便指出,本书主要针对俄语大词汇量连续语音识别面临的关键问题展开研究。

1.2 语音识别技术的研究进展

1.2.1 语音识别技术的发展概况

1952年，美国贝尔实验室的Davis等人率先研制出了一个针对特定人的独立数字识别系统，该系统能够成功识别10个英语数字。1956年，Olson和Belar开发出的系统能够识别10个不同音节。1959年，Fry和Denes开发的识别系统能够识别9个辅音和4个元音，他们利用模板匹配技术和谱分析技术进一步改善了音素的识别精度。同期，在美国麻省理工学院(MIT)林肯实验室设计的ForgieandForgie元音识别系统利用带通滤波器能够针对非特定人识别10个元音。

20世纪60年代初，Faut和Stevens等人对语音生成的理论方法进行了探索性研究。1962年，东京大学的Doshita和Sakai通过分析语音的过零率识别不同的音素，设计开发了一种硬件实现的音素识别系统，同期，他们推出了对近30年来的语音识别技术产生了巨大影响的三个研究项目。RCA实验室的研究人员Martin提出了基于语音信号端点检测的时间归一化方法和能够解决语音信号非匀速问题的实用方法，显著降低了语音识别得分的变化；Reddy在连续语音识别领域进行的开创性研究在连续语音识别系统领域至今仍处于领先地位。

20世纪70年代，语音识别研究领域又取得了一系列重大突破，孤立词的识别已经成为可能。模板匹配思想和动态规划方法在语音识别中得到了应用，Itakura将低比特率条件下的语音编码的LPC技术应用扩展到了语音识别领域，AT&T贝尔实验室开展了针对非特定人语音识别的实验，生成非特定人模型的技术得到了普遍认同与广泛应用。

20世纪80年代的标志性成果就是统计建模方法，研究重点由模板匹配方法逐步向统计建模方法转变，特别是HMM被广泛应用到语音识别研究中。20世纪80年代中期，HMM模型被世界各国的语音识别研究者所熟悉和采纳，神经网络也成为了一个新的研究方向，该时期对神经网络技术的优点和局限性以及该技术与经典的信号分类方法之间的关系有了深刻的理解，由此促进了神经网络技术在语音识别领域的应用。20世纪80年代后期，人们开始研制大词汇量连续语音识别系统，主要研究成果多得益于美国DAPRA的支持，研究机构主要有CMU、林肯实验室、SRI、MIT和AT&T贝尔实验室。

进入20世纪90年代，语音识别研究的成果开始走出实验室，并且达到了商用目的。这一时期的研究热点包括鲁棒的语音识别、基于语音段的建模方法、声学语音学统计模型、隐马尔可夫模型与人工神经网络的结合等，而研究重点集中在听觉模型、讲者自适应、快速搜索识别算法及语言模型。同期，最大似然线性回归(MLLR)、最大后验概率准则估计(MAP)、以决策树状态聚类等算法被提出和应用，进一步提升了系统的性能，由此催生了一批商用语音识别系统，比如DragonSystem公司的 Naturally Speaking 、IBM公司的 ViaVoice 、Microsoft 公司的 Whisper 、Nuance公司的 NuanceVoicePlatform 语音平台、Sun公司的 VoiceTone 等。在美国 DARPA 和 NIST 研究计划的推动下，更多新的语音识别任务被不断尝试并取得了更优的识别性能，当前国外的相关应用系统以 Apple 公司推出的 Siri[①] 为龙头。

21世纪以来，语音识别在技术突破和应用研究两方面不断深入。在置信度和句子确认方面提出了针对口语的健壮性语音识别，这些技术对处理复杂的病句非常有效。利用区分性训练技术训练声学模型也取得了显著的效果。在实际应用方面，语音搜索、综合音频和视频的多模态语音识别技术受到广泛关注。

随着计算机技术和信号处理技术的快速发展，健壮性语音识别已达到真正意义上的应用，能够实现自由的人机交互。当前，作为人机交互接口的关键技术，自动语音识别已成为信息技术领域最为关注的技术之一，并逐渐形成一个颇具竞争性的新兴高技术产业，自动语音识别系统的实用化水平将成为未来的研究重点。

1.2.2 国外俄语语音识别技术的研究进展

互联网的兴起使得语音和文本资源的大规模获取变得可行，语音识别技术在一些主流语言上的研究进展迅速，如英语、法语、西班牙语、汉语和德语等，而其他语言，尤其是东欧语言较少被关注。随着经济社会的发展和科技的进步，在俄罗斯、捷克、波兰、塞尔维亚、克罗地亚等俄语区正逐渐掀起俄语语音识别技术的研究热潮，尤其是语料库的建设、语言模型的建模等。

俄语是苏联各加盟共和国的官方语言，很多研究机构，如列宁格勒的 SRI、莫斯科的自动化研究所、基辅的控制论研究所等都积极开展了俄语语音技术的相关研究。大多数语音项目是由苏联和各加盟共和国的科学院主管部门发起的，并且得到了克格勃

① https://www.apple.com/ios/siri/.

和国防部的支持。在鼎盛时期，于1984年在新西伯利亚召开的国际会议约有800人参加。

苏联后期的语音识别技术的研究水平处于世界前列，但是由于实验环境和基础设施，特别是电子产业的相对薄弱，俄语语音识别原型系统的建立显著落后于其他西方国家。基于隐马尔可夫模型(HMM)和统计方法构建的声学模型对俄语连续语音自动识别的研究成效甚微。相对落后的计算技术水平为俄语语音识别的建模和关键技术的突破带来了严重阻碍，由此制约了俄语乃至整个斯拉夫语语音识别的研究进展。

苏联解体之后，在语音识别领域长期积累的技术和经验的优势迅速失去，大部分专家放弃了语音识别研究。直到20世纪90年代末，坚持下来的部分科研人员重新开始了对语音技术的研究。在俄罗斯政府相关部门的支持下，成立了一些研究机构[①]和公司以开展语音识别技术研发，如俄罗斯科学院、普希金俄语学院、莫斯科国立大学、圣彼得堡国立大学语音技术中心等。

21世纪以来，随着计算机网络技术的飞速发展，语音和语言数据资源已成为一个国家的战略性资源，俄罗斯政府也意识到了这一点，批准了俄语国家语料库建设项目。在俄罗斯联邦教育总署"俄语联邦目标计划"等基金的支持下，由俄罗斯最大的搜索引擎Yandex公司提供搜索技术和存储空间，俄语国家语料库建设始于2003年，并于2004年4月投入试用。截至2012年，该语料库的规模达到3.64亿词次，包括元文本标注、重音标注、词法标注、句法标注、语义标注等信息，包含多个子语料库，如深度标注库、平行文本库等。但是，俄语口语语音语料库的建设相对滞后且进展缓慢，在建库过程中存在标准不统一等问题，因此未能达到当初提出的目标：建成规模为1千万词次的口语语料库，要尽可能多地体现不同领域的对话。

俄语语音识别技术的研究在结合其本身发音特点的基础上取得了一些成果，不仅开展了对基础语音技术的研究，还开展了大词汇量、连续俄语语音识别的研究。从声学角度来看，俄语语音识别的最大困难在于识别和处理大量词汇中的无重音音节和自由重音词；从俄语构词和形态角度来看，存在大量的词汇变体，进而使得采用经典理论建立语音处理模型的难度增大。在建立声学模型和语言模型的过程中，需要特别考虑俄语自身的语言特点，对于声学模型而言，需要运用语言知识和基于统计的方法建立俄语音素集。

① http://www.ras.ru/、http://www1.pushkin.edu.ru/、http://www.msu.ru/、http://spbu.ru/.

随着语音识别技术的不断发展，对语音识别研究的两个关键问题，即声学模型和语言模型的建立得到了高度重视，一些科研机构的研究者相继提出相关算法以提高模型的效率。在语言学领域，采用经典的 N-gram 统计语言模型需要从超大文本语料库中获取合理数量的单词形式。对于语言模型而言，从互联网等不同渠道收集文本语料，用统计分析的方法将训练文本数据和语法特征相结合，计算不同情况下 N-gram 中单词的频率，优化 N-gram 模型，以建立更好的 N-gram 模型。传统的 N-gram 模型也产生了诸多变种，为了提高识别的准确率，例如基于词类的 N-gram 模型由 P. F. Brown 和 P. V. Desouza 等学者于 1992 年提出，他们将词类信息引入 N-gram 模型的构建中，将候选词集按词类划分为子集，在计算第 k 个词出现的概率时乘以第 k 个词的词类出现的概率作为最终的概率。使用这种方法对 3-gram 模型进行改进，困惑度仅有小幅提升，而所需的存储空间则是原 3-gram 模型的 1/3，处理效率得到了大幅提升。

为了解决词形变化与词序的问题，I. Oparin 和 A. Talanov 于 2005 年提出了基于词干(stem)的语言建模方法，利用该方法能够缩减发音词典的规模。

2007 年，A. Karpov 与 A. Ronzhin 发现实时因子能够改善基于词素(morpheme-based)的语言模型，且识别效率不变，这一方法也可用于其他斯拉夫语，如斯洛文尼亚语等。

2011 年，D. Vazhenina 与 K. Markov 使用基于语音信息和统计信息的方法用于俄语语音识别，他们首先建立了一个拥有 47 个音素的集合，之后根据语音识别实验从混淆矩阵中得到的语音发音规则和统计结果确定可被合并的音素对，最后将音素数量缩减。实验结果表明，在词级的语音识别中使用缩减的音素集可以达到和初始大小的音素集相同的效果。2011 年，Maxim Korenevsky、Anna Bulusheva、Kirill Levin 使用 SRILM Toolkit 训练语言模型，重点探讨了对未知词的建模。他们认为语言模型应是“开放的”，应考虑一个句子中可能出现未知词的情况，并正确估算它们的出现概率，他们向 SRILM 的 N-gram 方法中加入了分类/聚类的方法，即将词集按类切分，并将包含分类结果的概率附加到词的概率中。

2012 年，Sergey Zablotskiy 和 Alexander Shvets 等主要讨论了基于音节的语言模型，他们提出了一种音节连接和误差修正的方法，该方法基于渐近概率遗传算法，通过确定音节确定句子。

2013 年，D. Vazhenina 与 K. Markov 将基于因子的语言模型(factored LM)用于俄语语音识别，首先确定能够为语言模型提供最有用信息的因子，随后尽量延长时间历史(time history)。该方法可以减少20%的困惑度,错误率相对减少到4%。E. Shin等针对俄语形态丰富和语序自由的特点提出了最大熵语言模型,其原型是基于类(class-based)的语言模型,该模型由于语言特征限制,这些特征需要从单词序列中提取,通过计算概率并使用最大熵准则进行训练,使错误率降低了1.2%。2013年,I. Kipyatkova和A. Karpov等在研究中使用了包含句法信息的统计语言模型,首先对训练语料进行句法分析和统计分析,之后将两种分析结果结合,生成随机语言模型,该方法能够考虑词与词之间的长距离语法关系。

2014年,俄语大词汇量连续语音识别的实验研究取得了重要成果,以A. Karpov和K. Markov为首的研究小组建立了一个ASR系统,该系统结合声学特征、词汇和语言模型,特别注重俄语词汇的特点,设计开发了一个发音词典工具。在声学模型的研究中,将俄语词汇的发音特点和统计方法相结合,提出了融合训练文本数据和语法属性的统计分析方法,建立了更好的多元模型,验证了47个音素的声学模型,并进行了大约20万字的语言模型训练。

面向大词汇量的俄语连续语音识别研究已经成为热点,正在全面展开,并取得了较为明显的成效。但是,由于俄语自身的复杂性制约着语音识别系统辨识的效率和实际效果,俄语连续语音识别系统在实际使用中还存在很大的问题,比如系统的抗干扰能力较差等。因此,有学者提出需要通过在语音信号处理阶段采用麦克风定向、自适应降噪、声学模型自适应等方法对系统进行改进。当前,俄罗斯非常重视拥有自主知识产权的大词汇量连续语音识别系统的研制,一些公司和研究机构密切跟踪国外语音识别系统的核心技术,如Viavoice、Nuance、Siri等。由此可见,俄语大词汇量连续语音识别是一个值得深入研究的课题。

1.2.3 中国俄语语音识别技术的研究进展

应当指出,中国在近十年来对中英文语音识别技术的研究取得了长足进展。在国家"863"计划的大力支持下,中国的语音识别技术已与国外的研究水平相当,并且在汉语和英语的识别效果上具有较大优势,掌握了相关核心技术,真正拥有了自主知识产权,达到了国际先进水平。中国开展语音识别技术相关研究的主要单位有清华大学电子工程系、中国科学院声学研究所、中国科学院自动化研究所、模式识别国家重点实验室等。科大讯飞公司在语音技术研究领域异军突起,目前已成为中国最大的智能语音技术提供商,在语音合成、语音识别、口语评测、自然语言处理等多项技术上拥有国际领先的成果。

随着移动互联网的日益普及,语音识别在移动终端上的应用日趋火热,语音对话机器人、语音助手等工具软件层出不穷,许多互联网公司纷纷加大了对语音技术的投入力度。在中国,中国科学院声学研究所、中国科学院自动化研究所、清华大学、北京大学、中国科学技术大学、科大讯飞、云知声、捷通华声、搜狗和百度等科研院所和科技企业都采用了最新的语音识别技术,推出了以中文和英文为主的相关语音产品,市场上其他的相关电子产品也直接或间接地嵌入了语音识别技术。

相较而言,中国对俄语连续语音识别技术的研究目前尚处于探索阶段,采用基于统计的方法对俄语连续语音识别进行研究,迄今尚未发现相关的文献记录。

1.3 语音识别系统的基本原理

基于统计的语音识别可以通俗地理解为找到最相似的、可能性最大的句子,而“最相似”和“可能性最大”在数学上用概率可以表示。因此,“找出听起来最相似、可能性最大的句子”就可理解为“找出概率最高的句子”。

当输入的语音信号经过 MFCC(Mel-scale Frequency Cepatral Coefficients)特征提取后,得到可观察的矢量序列 Y。假设可能的词条序列为 $W=w_1w_2\cdots w_N$,则语音识别的任务是找到对应于 Y 的最可能的词条序列$\hat{W}$。利用统计模型解决大词汇量连续语音识别的基本思路是构造简单的语音产生概述模型,从特定的词条序列 W 中按概率产生 Y。识别目标是基于 Y 按照合适的准则对词条序列进行解码。

根据 MAP 准则,解码后的$\hat{W}$应满足:

$$P(\hat{W} \mid Y) = \max_{W} P(W \mid Y) \tag{1-1}$$

根据 Bayesian 准则,有:

$$P(\hat{W} \mid Y) = \max_{W} \frac{P(Y \mid W)P(W)}{P(Y)} \tag{1-2}$$

由于独立性假设且搜索过程不变,故可略去,则由上式得出:

$$\hat{W} = \underset{W}{\operatorname{argmax}}[P(Y \mid W)P(W)] \tag{1-3}$$

式(1-3)中,$P(Y|W)$是特征矢量序列 Y 在给定词条序列 W 下的条件概率,由声学模型所决定,反映了词条序列为 W 时的声学观察序列的概率。在连续语音识别中,使用词作为基本识别单元的效果并不好,因此对 $P(Y|W)$的计算采用基于基本单元的语音统计模型。$P(W)$为 W 独立于语音特征矢量的先验概率,它是词条序列在相

应语言库中出现的概率，由语言模型决定。

语音识别系统由三个基本部分组成：声学模型、发音词典和语言模型。采用解码器将三者结合，可将语音信号识别为相应文本，语音识别基本原理如图 1-1 所示[①]。

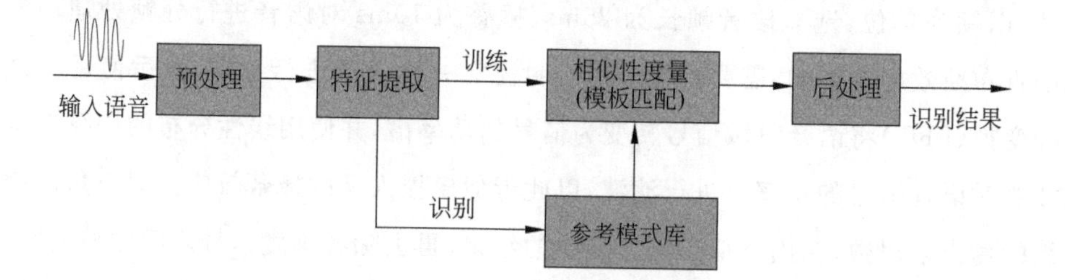

图 1-1　语音识别基本原理

下面介绍特征提取、声学模型、语言模型和解码的相关概念。

1.3.1 特征提取

语音信号预处理中的一个关键步骤是特征提取，即从语音文件中提取出随着时间变化能够代表语音特征的特征序列。语音在特征提取之前需要进行降噪处理，以避免因信道及说话人等因素的影响。当前，常用的提取特征参数的方法是梅尔倒谱系数法。与其他方法相比，采用 MFCC 能够在最大程度上模拟人的耳朵对语音感知的特点，实验表明该方法具有更好的健壮性。

MFCC 特征提取过程如图 1-2 所示。

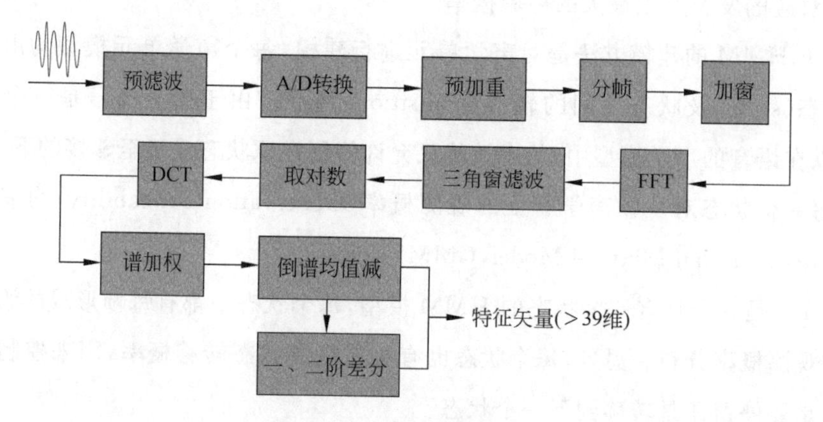

图 1-2　MFCC 提取特征过程

① http://www.afzhan.com/Tech_news/Detail/99675.html.

输入端采用带宽为300Hz～3.4kHz的抗混叠滤波器进行预滤波，采样频率为8kHz，线性量化精度为16b，进行A/D变换。为了避免有限字长的影响，并使语音信号的频谱趋于平坦稳定，首先通过高能滤波器进行预加重，然后根据语音的短时平稳特性，以帧为单位，选取语音帧长为25ms、帧叠为10ms对语音进行分帧处理。为了减小吉布斯效应的影响，需要首先采用哈明窗对一帧语音进行加窗，然后使用快速傅里叶变换(FFT)将语音时域信号转变为信号的功率谱，并使用线性分布的一级三角窗滤波级对语音信号的功率谱进行滤波，以此近似模拟人耳的掩蔽效应。对三角窗滤波器组的输出求对数，输出近似于同态变换的结果，再去除各维度信号之间的相关性，映射到较低维的空间中，即离散余弦变换(DCT)，由于高阶参数和低阶参数的局限性，需要进行谱加权以抑制其低阶和高阶参数。为了减小语音信道输入对各特征参数的影响，需要进行倒谱均值减(CMS)，而在某些语音特征中加入动态特性的参数，如一阶、二阶参数，则可以提高系统的性能。在使用MFCC进行参数提取时，通常采用一阶差分参数和二阶差分参数①。

1.3.2 声学模型

声学模型的主要功能如下。对于观测语句，能够针对不同的发音可能给出对应的概率或相似度，一般使用概率密度函数近似。而声学模型训练就是根据训练语料中给定的观测语句以及其对应的正确标注，在训练过程中调整声学模型参数，使得正确标注和其对应的发音产生最大的后验概率。

基于HMM的建模方法是对声学单元进行建模，每个声学单元模型均由连续的多个状态(state)及状态之间的转移(transition)组成。由于语音信号是一个时间序列，所以在语音的声学模型中，状态转移只允许停留在原状态或跳至邻接的下一状态。其中，每一个状态对一帧声学特征的观测概率(Observation Probability)均采用高斯混合模型(Gaussian Mixture Model，GMM)表示。

图1-3是一个具有6个状态的HMM模型，每个状态中都有每帧形成的语音特征向量的观测概率分布。另外，每个状态也有相对应的状态转移概率，用来控制下一个时间点是要停留还是转移到下一个状态。

根据语音特征参数是连续或离散的，HMM每个状态中的观测概率估计方式可分为离散型、半连续型和连续型。目前的语音识别系统主要以连续型或半连续型为主。

---

① http://baike.baidu.com/view/587944.htm.

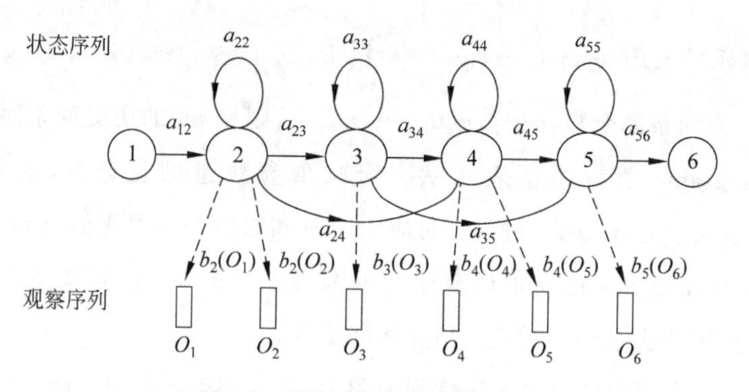

图 1-3　隐马尔可夫模型示意图

就连续型而言，为了减少估算观测概率的参数量以及任何概率分布理论上皆可有多个高斯分布用来逼近的特性，一般都是采用高斯混合分布近似此概率分布。

一般要对每个声学单元建立一个 HMM 模型。声学单元一般可以分为句子、词、音节、音素等。声学单元的选取一般要遵从以下两条规则：声学特性要尽可能稳定；数量不能太多。这两者往往相互矛盾，音节、音素等小的声学单元虽然数量符合要求，但是声学稳定性不足；句子、词等声学单元的稳定性虽然强于音素和音节，但是数量太多，导致没有足够的训练数据对模型进行训练，从而降低了模型的健壮性。因此，根据不同的识别任务，往往要在二者之间寻求平衡。一般来说，中小词表识别可以选择较大的声学单元，而大词表识别往往选择音素作为声学单元。

在面向汉语的大词汇量连续语音识别中，声母和韵母被定义为最佳的声学基本识别单元。同时，连续语音中存在协同发音的现象，单音子(monophone)作为声学建模单元在不同上下文的情况下往往有很大区别。声学建模一般采用上下文相关的声学单元，如双音(biphone)或者三音素(triphone)。

1.3.3　语言模型

声学模型的特点决定了其只能识别某一段语音信号的音素序列，而不能确认其对应的词，而且句子中的词语与词语的连接存在一定的语法规则，因此需要语言模型解决这些问题。由于语言模型的概率分布是离散型的，在估计语言模型的概率时，并不使用概率密度分布函数，而是直接估算词条序列的概率函数 $P(w_1,w_2,\cdots,w_N)$，其中 $w_1,w_2,\cdots,w_N$ 为词条序列包含的词。但整个词条序列的估计参数会随着词条数量的增加呈指数增长，因此会遇到训练语料数据稀疏的问题。为解决此问题，将语言模型的公式展开为概率的连乘式，再利用 $n-1$ 阶的马尔可夫假设做简化，如式(1-4)所示。

$$P(W) = P(w_1, w_2, \cdots, w_N) = \prod_{k=1}^{N} P(w_k \mid w_{k-1}, w_{k-2}, \cdots, w_{k-N+1}) \tag{1-4}$$

其中，N 为词条的个数，$w_{k-1}, w_{k-2}, \cdots, w_{k-N+1}$ 则是 w_k 的历史词条序列，式(1-4)即常见的 N-grams 语言模型表示法。为减少参数量的复杂度，通常使用二元(bigram)模型或三元(trigram)模型(对应于一阶和二阶马尔可夫假设)。如同声学模型，语言模型也需要大量的文本语料作为训练集。N-grams 语言模型的训练方法有最大化相似度估算法、最大熵值法、神经网络法等。

由于训练语言模型的语料无法达到无限大，所以训练语料中不能包含所有合理词条的搭配关系。为了处理某些词条在训练语料中没有出现的问题，一般利用数据平滑技术对概率原本为零的部分进行平滑处理，以使模型参数的概率分布更加均匀。

1.3.4 解码

给定声学模型的参数为 λ，观察序列为 O，希望找到 λ 中的最佳状态序列 $X=(x_1, x_2, \cdots, x_T)$，使其对应 O 的概率最大，应满足

$$X = \arg\max_X P(O, X \mid \lambda) \tag{1-5}$$

这一过程是 HMM 的一个基本问题。通过给定已知的观察序列 O 和模型参数 λ 寻找最优的不可观测的状态序列，其实质就是解码问题。其中，最为经典的解决方案是采用维特比(Viterbi)算法，该算法也是动态规划在 HMM 中的重要应用。具体解码过程如下。

Viterbi 算法。

定义 $\delta_t(i)$ 为 t 时刻沿着一条路径 $x_1, x_2, \cdots, x_t$ 且 $x_t=i$ 输出观察序列 $o_1, o_2, \cdots, o_t$ 的最大概率，即

$$\delta_t(i) = \max_{x_1, x_2, \cdots, x_{t-1}} p(x_1, x_2, \cdots, x_{t-1}, x_t = i, o_1, o_2, \cdots, o_t \mid \lambda) \tag{1-6}$$

① 初始化。

$$\delta_1(i) = p(x_1 = i, o_1 \mid \lambda) = \pi_i b_i(o_1), 1 \leqslant i \leqslant N$$

回溯变量

$$\psi_1(i) = 0, 1 \leqslant i \leqslant N \tag{1-7}$$

② 递归。

$$\delta_t(j) = \max_{x_1, x_2, \cdots, x_{t-1}} p(x_1, x_2, \cdots, x_{t-1}, x_t = j, o_1, o_2, \cdots, o_t \mid \lambda)$$

$$= \max_{x_1, x_2, \cdots, x_{t-2}, i} p(x_1, x_2, \cdots, x_{t-1} = i, x_t = j, o_1, o_2, \cdots, o_t \mid \lambda)$$

$$\begin{aligned} &= \max_{x_1,x_2,\cdots,x_{t-2},i} b_j(o_t)p(x_1,x_2,\cdots,x_{t-2},x_{t-1}=i,o_1,o_2,\cdots,o_t \mid \lambda)a_{ij} \\ &= \max_i[\max_{x_1,x_2,\cdots,x_{t-2}} p(x_1,x_2,\cdots,x_{t-2},x_{t-1}=i,o_1,o_2,\cdots,o_t \mid \lambda)a_{ij}]b_j(o_t) \\ &= \max_i[\delta_{t-1}(i)a_{ij}]b_j(o_t) \end{aligned} \tag{1-8}$$

$$\psi_t(j) = \underset{1\leqslant i\leqslant N}{\operatorname{argmax}}[\delta_{t-1}(i)a_{ij}] \tag{1-9}$$

③ 终结。

$$p(O,X \mid \lambda) = \max_{1\leqslant i\leqslant N}[\delta_T(i)] \tag{1-10}$$

$$x_T^* = \underset{1\leqslant i\leqslant N}{\operatorname{argmax}}[\delta_T(i)] \tag{1-11}$$

④ 回馈状态序列。

$$x_t^* = \psi_{t+1}(x_{t+1}^*),\quad t = T-1,T-2,\cdots,1 \tag{1-12}$$

通过 Viterbi 解码算法，可在 t 时刻获得使 $\delta_t(j)$ 值最大的隐含状态，然后通过回溯变量 $\psi_t(j)$ 反向找出最优的状态序列，即得到最终的解码结果。此外，搜索空间随着时间的增加呈指数增长，常采用剪枝技术终止寻找一些概率较低的词条序列，以减少其计算的复杂度和内存使用量。

图 1-4 是 Viterbi 算法的一个图形示例，展示了识别时模型内部的搜索过程。

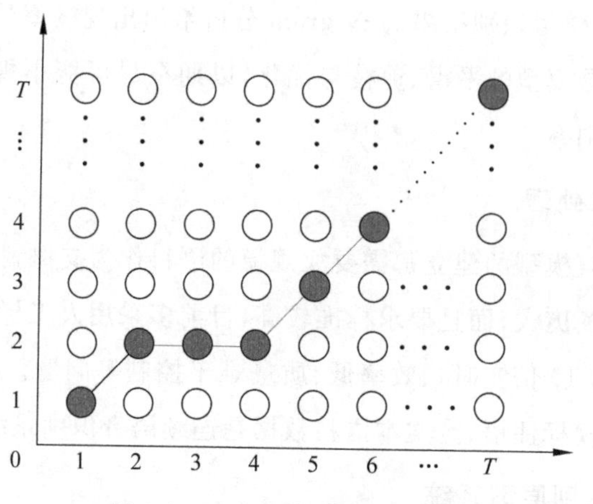

图 1-4　Viterbi 算法简单示意图

1.4　语音识别技术研究所关注的关键问题

当前，语音识别技术发展迅速，衡量语音识别系统优劣的最直观标准就是识别率，而决定识别率的因素有很多种，如声学模型、语言模型、发音词典、声学模型训练语料的规模、语言模型训练语料的规模及纯净度、字音转换的效率、拉丁转换的效率、语音语料的采集环境、发音词典的规模、文本语料的采集领域、识别应用的环境等。本书主要针对其中的关键问题进行研究，例如声学模型的建立、语言模型的建立、模型训练语料的预处理、俄语语音识别原型系统的建立等。

1. 声学模型的建立

声学模型(Acoustic Model，AM)的主要功能是能够针对观测语句不同的发音可能给出对应的概率或相似度，一般使用概率密度函数近似。声学模型训练则主要根据训练语料中给定的观测语句以及其对应的正确标注，在训练过程中调整声学模型参数，使得正确标注和其对应的发音产生最大的后验概率。因此，声学模型单元的选择是重点研究的内容。声学模型单元增多，用于训练的数据就会成倍增长，容易导致声学模型出现稀疏。

2. 语言模型的建立

语言模型(Language Model，LM)用来建立一个概率的分布，能够描述给定词条序列在自然语言中出现的概率。计算机根据统计语言模型的概率参数，估计出自然语言中每个句子出现的可能性，而不仅仅是简单地判断这个句子是否符合语法。在语音识别中，通过对声学模型识别结果的 N-gram 分析给出出现概率最大的语句。而语言模型最关注的内容是模型的平滑、剪枝与优化，以期在尽可能小规模的模型下尽可能降低系统的错误识别率。

3. 语料的加工处理

声学模型和语言模型的建立都需要大规模的语料作为支撑，特别是声学模型训练所需的语料不仅规模庞大，而且要求标准较高，目前多采用人工标注的方法进行处理，存在速度慢(一般为 10 倍实时)、效率低、质量难于控制等问题。在较短时间内高效、高质量地获取大规模标注语音/文本语料数据是连续语音识别系统研发的重要基石。

4. 连续语音识别原型系统

连续语音识别系统一直都是研究的热点，由于需要语音学、语言学、计算机学、信号处理学、统计分析学等领域的知识，众多研究者均被拒之门外。近年来，国内外许多研究者通过会议研讨、论文交流、开源代码发布等多种方式积极推进了语言识别技术的纵深研究，例如 InterSpeech、ICASSP、NCMMSC、CMU Sphinx、HTK、Julius、Kaldi、Microsoft、CNTK、Simon 等，降低了技术门槛，让众多感兴趣的研究者都可以有机会深入语音识别系统的研究与应用中。

本章小结

本章首先介绍了语音识别技术的定义和分类，回顾了语音识别技术在国内外的研究历史，对语音识别技术的研究现状进行了分析，重点评述了俄语连续语音识别技术的研究进展、俄语语言模型和声学模型的研究成果；然后，阐述了语音识别系统的基本原理、语音特征提取的理论方法、声学模型和语言模型的建模方法与解码算法；最后，指出了语音识别技术研究需要关注的关键问题，如语音建模和语言建模及其优化、大规模语音和文本语料的加工处理和原型系统的设计开发等，进一步明确了本研究的目标和主要任务。

第2章 语音数据的加工处理

语音数据库的规模与质量直接决定了语音识别系统的效果。一般来说，数百小时的语音数据多用于语音识别 Baseline 系统的研发使用，而对于大规模连续语音识别研究来说，需要的数据规模往往是数千甚至上万小时的，并且只有经过精细加工处理的数据才能用于语音识别技术的研究。而对这些语音语料进行采集、标注是一项重要而繁杂的工作，需要大量的人力、物力和财力，采用传统方法在短时间内难以完成。俄语新闻语音语料不仅具有自身的语言特征，而且呈现出较强的领域特征。本书尝试基于众包[①][②]的思想设计一种局域网内的众包语音语料标注平台，力求在相对较短的时间内对大规模新闻语料进行标注，通过与传统方法的对比验证该平台的有效性。

2.1 问题描述

在自动语音识别的早期阶段，研究人员处理的数据量相对较小，主要用来建立小型的识别系统并测度其稳定性，语音数据的获取来源和途径比较单一，标注这些数据的费用也比较昂贵，因此采集的数据规模较小，质量相对较低。随着时间的推移，基于统计方法的成功应用，使得识别系统需要的数据量大幅增长，特别是训练声学模型需要的数据量动辄就有几百、上千小时，而且对质量的要求也比较高，因为训练数据的质量决定了声学模型的优劣，也决定了识别的效果。而采集、加工和标注这些语音数据又需要大量的投入，大幅增加了系统研发的成本，仅仅依靠研究人员对这些海量数据进行处理已经远远不能满足系统的要求，需要突破性的方法和技术解决这一难题。

---

① http://baike.baidu.com/link?url=N2sUEnoknPJG-avq_3gVo_GNPSove7GeJ7Rqb1vgclyXHpss4-pchlu2aZuWymCkxwE8-0k5tnk3xpI2mZDgloGOBulXXSzhqyUg7rduigzq.

② https://en.wikipedia.org/wiki/Crowdsourcing.

亚马逊(Amazon)的AMK(Amazon Mechanical Kit)平台是一个聚集了大量数据资源的搜索引擎,它利用一种以更低的成本快速获取更高的数据质量的方法,通过招募大量的语言学工作者和社会工作者参与其中,并通过计算机等多种设备采集、加工、处理大量的语音数据,让这些参与者对这些语音数据进行标注,再辅以必要的质量控制策略,可以显著降低语音数据的采集和标注成本,而且能够保证质量,这种方法就是众包思想。

2.2 众包的定义及内涵

作为一种新型的商业模式,众包可以理解为是将企业的内部创新与外部创新相联系的纽带。众包模式强调以人为中心,利用网络技术解决个体、组织和社会的问题,这种模式的参与者是志同道合的人,具有动态性。为了提高企业对外部知识的持续获取能力以实现开放式创新,需要通过不同渠道获取企业内外部的创新资源,因此,在众包过程中需要更多地考虑大众消费者的想法。已有学者从知识探索、知识保持和知识开发的角度分析了企业众包过程,并区分出了基于竞争的众包创新模式(又称众包竞赛)和基于合作的众包创新模式,一般运用博弈的方法设计众包竞赛,还可以根据激励形式和激励时机制定不同的奖励措施以激励参与者。

2.2.1 众包的基本概念

2006年,美国记者杰夫·豪于提出了众包(crowdsourcing)的概念,其定义是:一个公司或机构把以往由员工执行的工作任务以自愿、自由的形式外包给非特定的(通常是大型的)大众网络的做法。众包的基本特征是:以公开的方式召集网络大众;公众通过协作或独立的方式完成任务;众包任务通常是由计算机单独处理难以解决的问题;众包模式提供了一种基于分布式的问题求解机制。

众包思想从2009年兴起以来,因其高效、迅速、低成本、高质量等优点迅速得到广大科研人员的积极响应,被广泛应用于数据库、人机交互、自然语言处理、人工智能和机器学习等领域,而语音识别恰好属于这些领域。语音识别中的语料采集与标注是一项繁杂而费时的工作,采用公开的方式召集大众完成此任务是最理想的方式,采集与标注任务又是单台计算机难以处理的问题,采用众包模式通过协作的方式完成语音数据的采集与标注是完全可靠的,它也是一种对分布式问题的有效解决机制。

2.2.2 众包的基本流程

任务管理者和任务完成人是众包的主要参与者,他们通过任务关联在一起。众包的工作流程如图 2-1 所示。

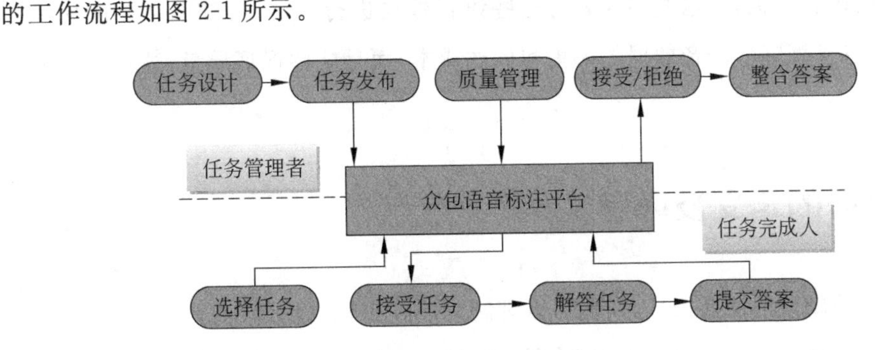

图 2-1 众包的工作流程

由图 2-1 可知,当一个任务管理者需要利用众包完成自己的任务时,可以遵循下列步骤：首先设计任务,通过众包平台发布任务,等待参与者提供答案;然后根据某种标准拒绝或接收参与者的答案,再对参与者提供的答案进行整理和评价,从而完成自己的既定任务。这里的参与者是指具体的一个任务完成人,而一个任务完成人利用众包平台完成任务的步骤是：首先在众包平台搜索自己感兴趣的、能够完成的任务,选择并接受任务;然后对任务进行解答和提交;最后完成接受的任务,并得到一定额度的报酬。

按照时间维度,众包的工作流程可以分成三个阶段：在任务准备阶段,任务请求人设计任务、发布任务,任务完成人选择任务;在任务执行阶段,任务完成人接受任务、解答任务、提交答案;在任务答案整合阶段,请求人接受/拒绝答案、整合答案。质量管理负责对整个项目进行质量控制和监督,对个人的任务进行抽样检查,对不符合规范的任务进行重新分配,对完成质量较高的个人进行特殊标记等。

2.2.3 众包的关键问题

1. 任务准备

计划采集并标注 360 小时的俄语语音,确定待采集语音面向的领域、区域、发音人、性别、年龄等,根据任务的难易度区分不同的价格体系。一个任务的结果的质量和很多因素有关,例如任务的难度、完成人的负责程度、完成人和任务的相关性等。此外,由于依赖一个完成人给出的答案很难确保任务结果的质量,因此任务请求人通常会将任务分配给多个人,然后在任务答案整合阶段利用不同的策略推断任务的最终结果。交互界面的友好度要高，通过任务界面的描述，完成人能够获取有关任务的具体信息，能够全面地了解任务的相关要求，因此任务界面的设计非常重要。

2. 任务选择

任务选择的研究重点是如何帮助完成人挑选与自己相关的任务。按照任务的发现者，可以分为两种主流的任务选择方法：基于拉(pull)的方法和基于推(push)的方法。基于拉的方法是由完成人主动查找相关任务，即任务搜索；而基于推的方法则是由众包平台主动进行任务的分发。

本书设计的在线转写俄语语音标注平台支持任务搜索，完成人通过浏览任务页面可以获取自己感兴趣的信息。而任务推荐方式不需要完成人主动输入查询，主要根据完成人的兴趣爱好，众包平台主动进行相关任务的个性化推送，在众包平台上保留的历史记录是完成人行为的最好体现。

3. 任务执行

在任务执行阶段，主要的挑战是如何有效地结合完成人的因素和请求人的任务优化目的进行在线任务分配。在任务执行过程中，通过有效的在线任务分配策略有针对性地将任务分配给完成人，可以提高任务完成结果的质量。采用结果评估与替换策略实现任务的动态分配，任务请求人在开始时只需被分配部分任务，然后根据其返回的答案评估结果的质量和完成人的能力，对结果质量不高的完成人进行替换，将这些完成人完成的任务再次分配出去，从而提高任务的完成质量。

4. 答案整合

由于参与任务的完成人的年龄、教育背景等不尽相同，且完成人在回答问题的时候不可避免地会受到主观意识和知识背景的影响，因此当完成人完成不同类型的任务的时候，答案的质量变化较大。为了保证任务结果的质量，应提出不同的控制策略。利用完成人的答题准确率提高结果质量，即根据完成人的答题准确率对每个完成人进行打分。回答准确率越高的完成人被赋予的权重就越大，相反则权重越小。最后通过对权重进行加权评价完成人提供的答案，根据加权分值确定最终结果。

2.3 解决方案

2.3.1 质量控制

质量控制是众包系统设计过程中极其重要的一步。比较常用的传统的质量控制方式,如监听机制、社会规范和签订合同等方法对于互联网上的任务来说并不是十分有效。因此,在没有任何外部机制可以提高任务结果质量的前提下,只好转向任务设置本身。

1. 任务设置要保持简单性

众包是依赖于大众的贡献完成任务的,但是人们很容易犯错,经常会贡献一些不准确的结果,原因主要有两点:有些人为了获取更多的利益,会对所有的问题都提供一些随机的结果,这会对结果的质量造成极大的影响;对于比较复杂的任务,人们缺乏处理它的知识,结果可能会导致认知的偏差而造成错误的结果。为了解决以上问题,必须把任务设置得足够简单、清晰,既不能让大众觉得困难,也不能让大众因为任务烦琐而失去耐心。可以先对任务做切分,然后将每个微任务交给不同的人完成,这样每个微任务的结果肯定不止一个,最后再通过制定合理的策略挑选出正确的结果。

2. 为每个任务加入实验流程

任务的发布者可能常常会担心人们贡献一些不负责任的随机结果,较为通用的方法是通过设置一些与任务主题相关的问题对参与用户进行初步的考核和过滤,但前提是要确保所设置的实验题目都是准确无误的。并不是每个进入系统的用户都适合参与任务实战,应该有效过滤那些"垃圾"用户,并且把优质用户的效用发挥到极致。因此,为了保证获取的数据的质量,应引入资格审查阶段。所谓的资格审查就是指用户在进入系统之后首先要通过能力测试;然后才可以完成任务。当用户通过任务的测试环节后,系统会自动生成任务界面链接,用户可以选择进入任务实战或者继续参与测试。

3. 标注结果审核策略

如果所有的结果审核工作都交由管理员,那么不但工作量巨大,而且众包的优势也很难被体现。因此,我们可以充分利用众包的特点,大众可以提供标注结果,同样可以对标注结果做出评估,在结果审查过程中使用大众投票策略,进一步筛选出合格的结果。具体的做法是将标注结果逐条随机显示在任务界面中,让其他用户评判质量。在每条结果后设置两个计数器,分别为"顶"和"踩",类似的做法在一些论坛和评论性网站上也经常能够见到,所以人们并不陌生,结果被"顶"的次数越多,证明准确的可能性越大,当达到一定阈值后就会被系统认定为准确的结果,即可存入数据库。

4. 管理员审核结果

在质量控制的过程中，管理者的审核也很重要。管理员要在系统中对各种数据进行管理，从而实现对资源的控制。管理员应该是俄语研究领域的专业人士，可以直接对标注结果进行审核。管理员要查看系统任务的标注记录，对用户的标注结果进行评定，保留合格的标注结果，删除不合格的标注结果。管理员还可以通过查看用户的历史操作记录评定用户的级别，赋予普通用户和资深用户不同的评定权重，让资深用户拥有更多的系统权限和决策权重，然后将每个记录的分值进行加权计算，最终确定每条记录的质量。

2.3.2　语音标注平台的架构

语音识别需要充足的语音语料训练声学模型，而训练模型所用的语音语料必须规范。语音数据标注的一项重要工作就是语音转写，需要将与俄语语音对应的俄语文本标注出来，并且与语音的时间关系相对应。传统的语音转写检查费时费力，可操作性不强，且质量难以保证。

本书提出的基于众包的俄语语音标注平台正是为了解决这一难题而开发设计的。采用众包思想，再融入项目管理的理念，极大地提高了工作的效率和质量，同时也为研究者节约了大量的时间，可以额外从事算法优化等其他工作。

基于众包的俄语语音标注平台是基于B/S架构设计的，对于任务完成人而言，其操作简单、易于管理。基于B/S架构与众包思想研发的俄语语音标注平台具有如下优势：可以对俄语语音数据进行在线转写与标注、数据自动分发与回收、质检与项目管理；支持转写文本插入标签的定制；支持定制声音属性；支持实时查看项目进度；支持实时统计人员的工作情况；支持加密传输音频；支持单台服务器（双核CPU、8GB内存），最大请求处理速度为300 QPS，同时最大在线人数为80人。

标注业务流程主要分为两大部分：一是管理员登录进入后台管理模块，实现对资源的控制；二是普通用户登录系统参与不同的语料标注任务。用户和管理员都需要通过登录进入系统，普通用户如果是首次进入系统，则需要先选择自己感兴趣的任务，然后参与相应任务的能力测试。如果通过测试，即可进入任务界面；如果没有通过测试，则必须继续参与测试，直至准确率达标之后才能进入任务界面，然后参与相应的标注任务。管理员登录系统后，通过查看系统中的相关信息可以实现对系统资源和用户的管理。转写标注系统的架构如图2-2所示。

管理员和任务申请者可以通过不同的界面访问后台数据库。管理员进行项目管

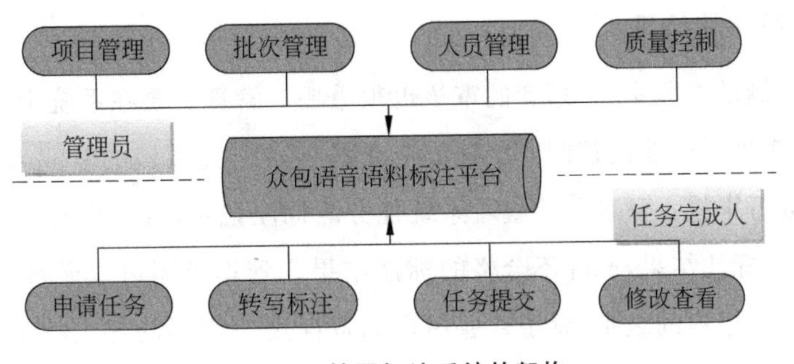

图 2-2　转写标注系统的架构

理、批次管理、人员管理和质量管理。项目管理包括创建内容、添加项目属性及说明、设置项目属性的默认值、导入标签和确认发布。批次管理包括创建内容、导入原始俄语语音文件、导入文本、确认发布。任务管理包括查看某个环节下的任务列表、查询具体任务、查询某个语音编号的任务、质检筛选的任务。人员管理包括编辑申请者的基本信息、查看该申请人的所有任务、是否禁用该申请人。质量管理包括指定质量监督人、分配质检人员的权限、查看质检人员的工作明细。

任务申请者根据分配到的账号和密码进入任务界面，在项目列表中查询任务并申请加入某个项目，无论是随机申请还是定向申请，都会弹出平台协议，选择开始工作后会看到本次任务的相关信息，包括任务操作区域的说明、声音属性的标记区域，然后便可以进行转写标注。任务操作区域可以进行语音文件的特征及属性标注、文本内容特征的标注、转写标注文本与语音文件的对应内容等操作。完成后即可进入下一条语音文件，此语音文件自动保存，直到申请的任务完成。

2.3.3　标注平台的设计与实现

基于局域网的语音标注平台的目的是利用俄语专业教师和学生的能力与资源为声学模型训练所需的语音语料加工处理提供一套低成本、高时效的人力资源解决方案，为模型训练及优化提供大量的高质量原始数据（标注），从而提高语音识别系统的整体质量和效果。标注平台的用户主要有三种：系统管理员、质检员和任务完成人。系统管理员是平台的最高权限人员，负责系统设置、项目管理、人员管理等，他们期望平台能够正常、安全、稳定地为用户提供服务。质检员负责对管理员分配的项目进行质量检查与监督，确保项目顺利推进。任务完成人负责完成项目管理员分配的语音语料标注任务，应在保证质量的前提下按时完成任务。标注平台的功能模块如图 2-3 所示。

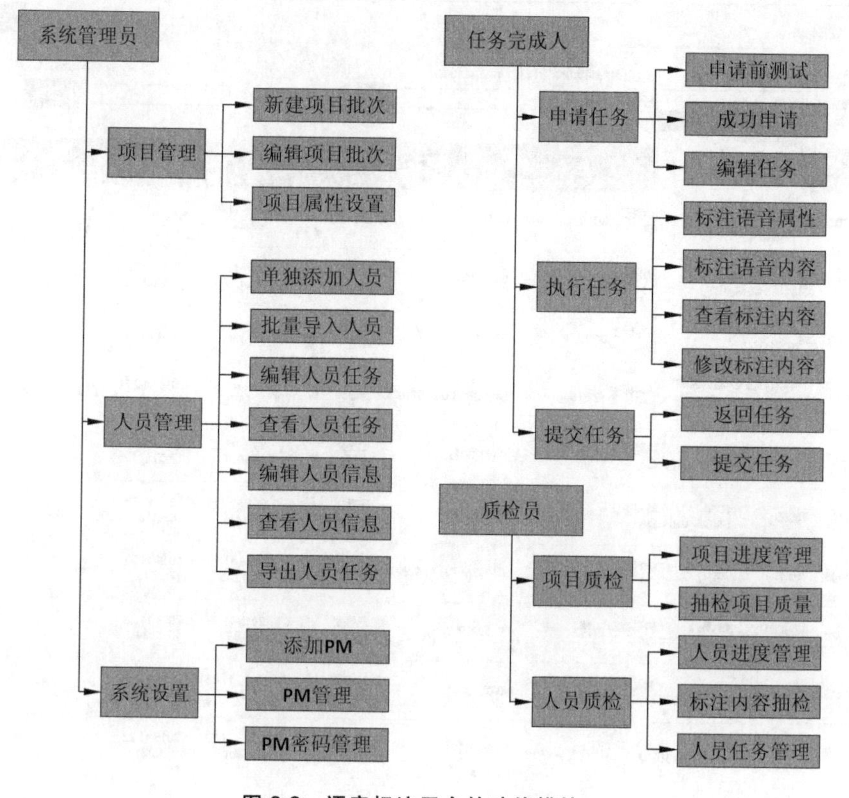

图 2-3　语音标注平台的功能模块

PM 任务管理界面如图 2-4 所示。

任务完成人的工作流程如下。

操作顺序分为以下五步(根据项目的具体需求可以适当调整)：

① 首先判断声音的有效性，如果有效，则继续进行以下步骤；如果无效，则选择无效的原因；

② 在波形图中，通过鼠标拖曳标记有效声音的起点和终点；

③ 对有效声音进行"性别、底噪、口音"三种属性的标记；

④ 有效音频段即为需要进行转写的音频，将转写的文本内容填写到下方的文本框内；

⑤ 根据音频文件，在需要添加标签的地方插入标签，单击对应的标签即可；

⑥ 标记完毕后，单击"保存继续下一句"按钮；

⑦ 执行到每个任务包的最后一句时，波形图的右上方会显示"提交"按钮，点击该按钮即可提交任务。

任务完成人的工作界面如图 2-5 所示。

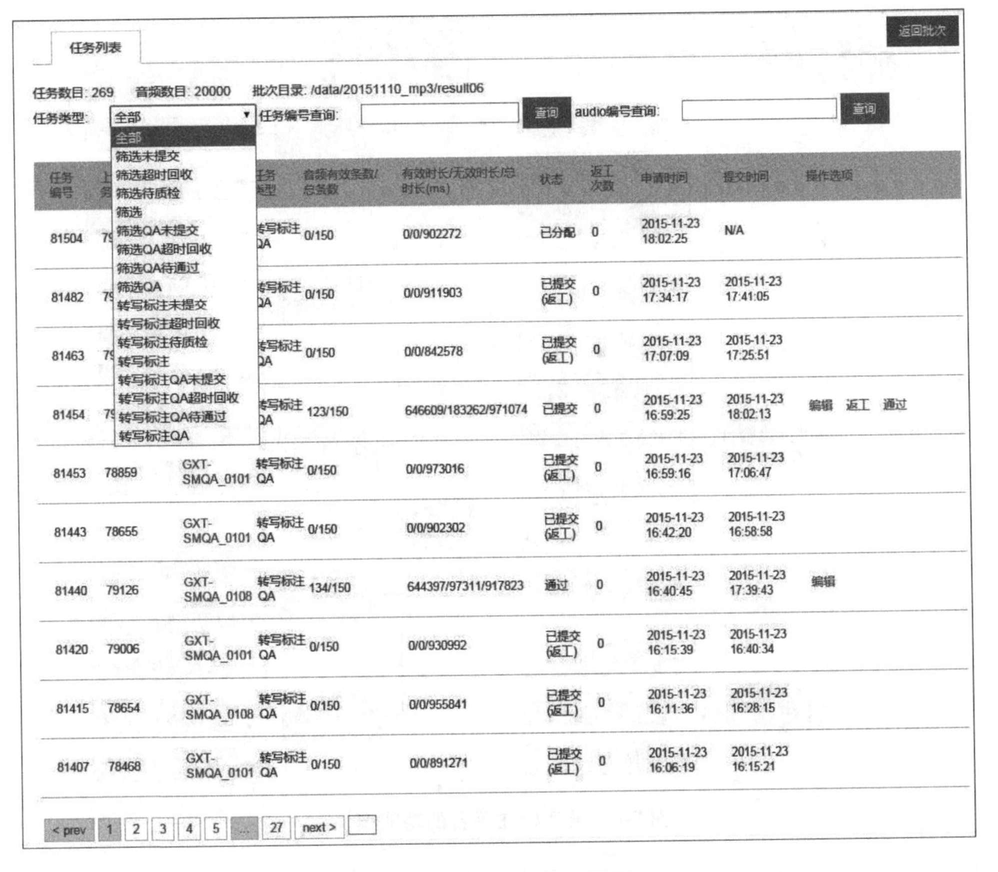

图 2-4 PM 任务管理界面

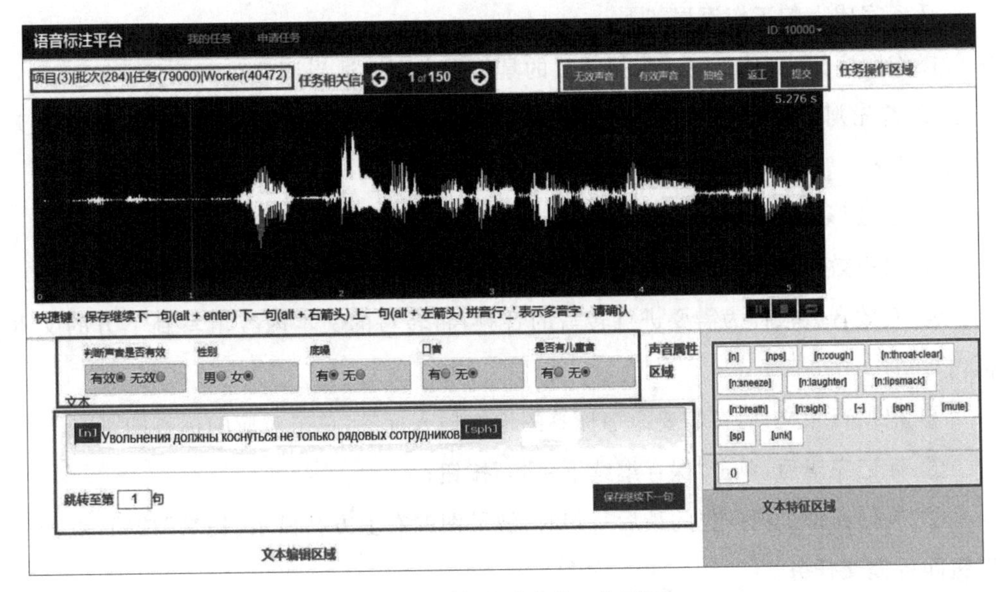

图 2-5 任务完成人的工作界面

2.4　语音标注

一般来说，语音数据的加工处理包括三大部分：语音数据的采集、语音数据的预处理和语音数据的标注。采集语音数据的渠道包括人工录制、Web 采集和电台广播的录制。语音数据的处理过程包括将从不同渠道采集到的数据统一为标注存储语音数据格式(如 16k、16b)、大语音数据的切分和对众多语音文件的重命名。本书针对语音数据加工处理过程中最复杂、要求最高的语音数据标注环节展开研究，设计和开发基于校园网的语音标注众包平台，充分利用现有的资源对前期采集到的语音数据进行处理，建立一个可以用来训练声学模型的标准语音语料库。语音数据的加工处理流程如图 2-6 所示。

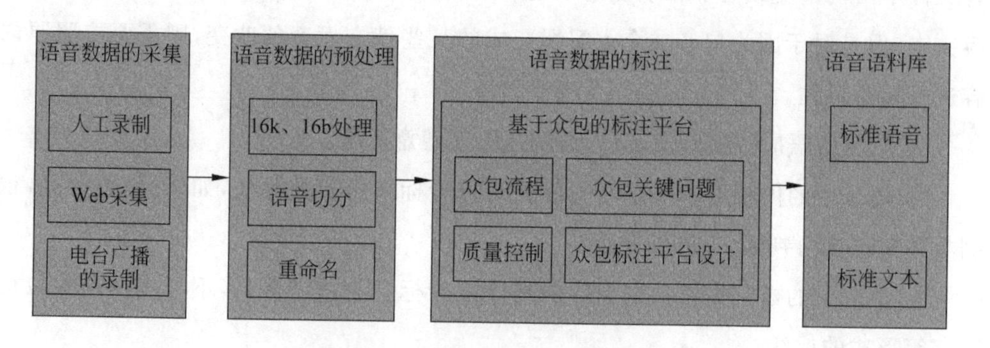

图 2-6　语音数据的加工处理流程

基于众包的语音标注平台主要考虑的问题是转写标准规范，下面进行详细阐述。

2.4.1　语音有效性判断

语音的有效性指语音文件中波形所对应的文本是否符合语言学规则或者发音习惯。对语音有效性的判断是整个语音数据加工的起点，如果语音文件是无效的，那么根据这些语音文件训练出来的声学模型也将是非常低效的，同时也就失去了声学建模的意义。因此，语音数据加工必须首先对训练语音数据的有效性进行必要的判断。有效语音的范围比较广泛，单个发音人的标准语音、清晰语音、带些许口音的语音、发音不完全标准的语音、稍微有些改变的语音、存在背景噪声但不影响内容辨别的语音等都属于有效语音。除此之外的其他语音都属于无效语音，对于无效语音，处理的办法就是直接抛弃，不需要进行标注，比较典型的无效语音有：

① 音频中无人说话，只有背景噪声或音乐等；

② 音频背景噪声过大，影响语音的内容辨识；

③ 语音不是俄语纯正发音，如方言、俗语、唱歌等；

④ 语音的音量过小或者发音模糊，无法确定语音的内容；

⑤ 语音中只有 ой、ах、ух 等语气词；

⑥ 一句语音中有一半以上听不懂的属于无效，不需要截取听懂的部分。

2.4.2 语音转写规范

① 文本转写结果以俄文表示，常用词语要保证俄文正确，不确定的字（如人名中的俄文）可以采用俄语音节组合表示。

② 转写的文本内容必须与实际发音的内容一致，不能够出现修改与增删，即使语音文件中出现重复或者非常明显的不通顺，也必须根据语音文件的内容给出正确的对应文本；但是对于因为口音或个人习惯造成的某些俄文发音的改变，则需要按照原内容进行转写标注。

③ 网络用语应按实际发音进行标注，不能随意更改。

④ 语音中的停顿可以根据时间的长短进行标点符号的标注，如句号、逗号等，根据具体情况自由判断，不强制要求。

⑤ 语音中的数字需要根据数字的具体发音标注为俄文形式，不可以出现阿拉伯数字等形式的标注。

⑥ 语音文件中比较清楚的语气词应根据真实情况进行转写标注，如 эге、ох 等。

⑦ 语音中夹带英文的特殊情况可按如下方式处理：

- 如果英文发音为字母的读音，则以大写字母标注、字母之间加空格处理；
- 如果英文以单词或者短语的形式出现，对于专有名词，在能够确定文本内容的情况下，则以小写字母标注单词，单词之间加空格，除此之外一律抛弃。

2.4.3 语音标注规范

1. 时间标注规范

每一个有效的语音文件都要标注其起点和终点，对应的标注文本内容也需要与起止点的数据相对应。默认语音文件的起点为有效语音的起点，若遇如下情况，则需要人工修改：

① 语音文件的开头和结尾出现了超过 0.5s 的无音段，需手动调整语音文件的起止位置，将时间的标注位置向前或后移动；

② 语音文件中只有部分内容能听懂时，可以选择听懂的部分进行标注，并在相应的有效时间段内标注出对应的文本内容；

③ 当语音文件中的背景噪声贯穿始终时，需要手动标注音频的属性为背景噪声，同时也要确定语音文件的有效位置，并标注对应的文本内容。

2. 噪声标注规范

在某些位置上的讲话会出现短暂清晰的噪声，如环境噪声、不说发音、发音咳嗽、呼吸等，需要在相应位置附加代表相应噪声符号的注释文本。

如果语音中的某些位置出现了比较短暂清晰的噪声，如环境噪声、非发音人噪声、发音人的咳嗽声音和呼吸声音等，则应该在标注文本内容中的相应位置插入相应的表示噪声的符号，详细的噪声分类及标注方式如下。

[n]：非人类产生的噪声，如背景音乐、手机铃声、键盘敲击声、汽车鸣笛声、猫狗叫声等。

[nps]：其他人发出的噪声，如其他人的咳嗽声、说话声、笑声等。

[n：cough]：说话人的咳嗽声。

[n：throat-clear]：说话人的清嗓子声。

[n：sneeze]：说话人打喷嚏的声音。

[n：laughter]：说话人的笑声。

[n：lipsmack]：说话人发出的咂嘴声。

[n：breath]：说话人相对强烈的呼吸声。

[～]：表示重复音，如果能够确定语音对应的字，则标注出俄文文字，不能确定则需要标注[～]。

[unk]：表示语音文件中有 2 个以上的字听不懂，此部分语音用[unk]表示。

[mute]：语音文件中有不小于 1s 的静音。

[sp]：语音文件中有不小于 1s 的停顿或有噪声时标注[sp]。

[sph]：如果语音文件的起点或者终点刚好在说话人的发音上，则在对应位置进行标注，主要用在标记切头、切尾。

2.5 实验设计与结果分析

2.5.1 实验设计

为了检验语音标注平台的工作效果，在此设计一个对比实验，如表 2-1 所示。

表 2-1 转写对比实验

项目	工作内容细则	具体内容	全人工转写工作方式	基于语音标注平台转写
项目成员	人员培训	培训任务完成人/QA 工作	全部在办公室培训与测试	在线与离线培训结合进行
项目执行	语音数据清洗	滤除空语音、降采样等	通过程序进行处理	通过程序进行处理
	转写任务包制作	将数据打包成 task	用 Win. rar 等进行分包	系统自动进行
	转写任务发放	给每位任务完成人发放任务	通过校园网邮箱、外院通、网络硬盘等人工方式发放	系统按要求自动发送
	数据转写	按要求转写每个任务包	用 Cooledit 播放语音，用 Word 保存结果	利用浏览器在平台转写页面完成
	转写任务回收	将分发给每位任务完成人的结果回收	通过校园网邮箱、外院通、网络硬盘等人工方式回收	系统按要求自动回收
	质检任务发放	给每位 QA 人员发放任务	通过校园网邮箱、外院通、网络硬盘等人工方式发放	系统按要求自动发送
	数据质检	按要求检查每个任务包	用 Cooledit 播放语音，用 Word 检查结果，由于无法抽检，因此一般采用背对背方式进行检查	利用浏览器在平台质检页面完成，抽检 20% 的数据
	质检任务回收	将分发给每位 QA 的结果回收	通过校园网邮箱、外院通、网络硬盘等人工方式回收	系统按要求自动回收
项目总结	数据封装	将转写结果封装	全手工	系统自动完成
	项目总结	统计每个人的工作量，追溯每条语音的历史	全手工	系统自动完成

2.5.2 结果分析

1. 转写效率

俄语语音识别所需的语音语料库的规模较大，声学模型训练语料需转写 360 小时的语音数据，如果采用传统的标注方法，大约需要 3600 小时才能够完成，而采用基于众包的语音标注平台将本项目分成多个批次，每个批次同时分配 20～40 人进行标注，极大地简化了工作流程和任务分发，提高了人员管理效率。下面分别以 10 小时和 100 小时的转写任务为例分析并说明任务的转写效率。

① 10 小时语音转写任务如表 2-2 所示。

表 2-2　10 小时语音转写任务

项目	10 小时语音数据转写	全人工转写工作方式	基于语音标注平台转写
项目成员	人员培训	6 小时	6 小时
项目执行	语音数据清洗	2 小时	2 小时
	转写任务包制作	2 小时	0
	转写任务发放	2 小时	0
	数据转写	100 小时	10 小时
	转写任务回收	2 小时	0
	质检任务发放	2 小时	0
	数据质检	100 小时	10 小时
	质检任务回收	2 小时	0
项目总结	数据封装	4 小时	0
	项目分析	20 小时	0
	总计	242 小时	28 小时

② 100 小时语音转写任务如表 2-3 所示。

表 2-3　100 小时语音转写任务

项目	100 小时语音数据转写	全人工转写工作方式	基于 UTrans 平台转写
项目成员	人员培训	10 小时	10 小时
项目执行	语音数据清洗	4 小时	4 小时
	转写任务包制作	5 小时	0
	转写任务发放	10 小时	0
	数据转写	1000 小时	100 小时
	转写任务回收	10 小时	0
	质检任务发放	10 小时	0
	数据质检	1000 小时	100 小时
	质检任务回收	10 小时	0
项目总结	数据封装	10 小时	0
	项目分析	50 小时	0
	总计	2119 小时	214 小时

2. 转写质量分析

基于众包思想的语音标注平台的正确率达到了 96%，再辅以必要的人工干预手段,便可以满足模型训练的要求。由于转写的语音数据规模较大,下面以 10 小时的转写任务为例对转写的质量进行分析,分析采用抽检的方式进行。

本实验采用字/词计算方法,错误情况一般存在以下三种：插入错误、删除错误和替换错误。插入错误指在正确的字/词中插入一个非法字符,即判定为错误;删除错误指在正确的字/词中删除一个字符,即判定为错误;替换错误指在一个正确的字/词中替换了一个非法字符,即判定为错误。

因此,错误率＝插入错误率＋删除错误率＋替换错误率。

即正确率＝1－错误率。

实验的设计方案为：一组按照转写要求以全人工方式转写 10 小时的数据,另一组通过平台转写 10 小时的数据,每组实验重复 3 次。然后对每组实验抽检 50%的数据,得到转写正确率、标注正确率,质量分析结果如表 2-4 所示。

表 2-4　转写质量分析结果(10 小时)

	全人工转写(抽检 50%)		标注平台转写(抽检 50%)	
第 1 次	转写正确率	95.6%	标注正确率	95.2%
第 2 次		96.2%		95.9%
第 3 次		97.1%		96.8%

2.5.3　结论

与人工转写方式相比,采用语音标注平台进行转写的工作效率明显提高;随着数据量的增加,语音标注平台方式的效率提升明显。

原因分析：通过改进工具,极大地提升了转写与质检的工作效率,由 10 倍实时降低到了 1 倍实时;将项目管理的相关工作(如数据分包、发送、回收等)纳入众包标注平台,可以极大地降低项目经理的工作量,并提高标注工作的效率。

本章小结

本章针对语音识别技术研发中的大规模语音数据加工处理的工作效率问题,研究了基于众包模式的语音标注理论及方法,提出了结合项目管理思维的众包解决方案,设计并研发了一种基于局域网的语音数据标注平台,通过合理的质量控制策略、分包管理策略等手段,在有限时间内高质量地完成了语音数据的处理。通过 360 小时语音数据标注实验的对比,证明该平台达到了预期的效果。

第3章 俄语声学模型的建立

声学模型的建立是语音识别研究的核心问题，而基本识别单元(即音素)的确定和选择又是语音建模的基础。从语音学角度来讲，连续语音(即语流)中的音素是一种线性单位，这种线性单位是从连续语流中切分出来的，是最基本的组成单位，由音素可以组成形素和词形，进而组成语句。俄语声学模型的建立首先需要设计俄语的音素集，音素集的确定不仅要考虑俄语语音学知识，如音素的发音特征、元辅音的随位变化、语流之间的影响、上下文之间的关系等特征，还要考虑计算机对其进行处理的便捷性，以便于计算机对俄语语流进行处理。此外，发音词典音素的正确性对于识别系统也是相当重要的，错误的发音标注会极大地影响系统的识别率。本章从俄语语音学角度出发，通过对俄语语音特征进行分析对比，选择和修改 SAMPA 音素集并将其作为俄语声学单元。同时，结合大词汇量数据驱动方法制定俄语字音转换规则，利用统计学习算法预测俄语单词的发音，通过实验对比验证俄语字音转换的有效性与准确率。

3.1 连续语音识别

连续语音识别处理的是自然朗读的语音，是语音识别中意义最大、应用成果最丰富、最有挑战性的课题。一般情况下，连续语音识别系统的词错误识别率是孤立词识别系统的 3～5 倍，当词汇量大于 1000 时，容易混淆的发音相似词数量大大增加。自 20 世纪 90 年代以来，语音识别主要集中在如何提高连续语音识别的性能，尤其对英语和汉语的语音识别取得了较为明显的成果，但对连续俄语语音识别的研究和应用尚处于探索阶段。

连续语音识别存在以下两个方面的问题。

① 语音切分。由于连续语音的时长较长，识别时需要将输入的语流切分成更小的组成部分。连续语流之间的间隙很短，识别时需要把各个词切分开，因此系统只能

够识别词形的边界，这实现起来比较困难。

② 发音变化。连续语音的发音受协同发音的影响比较严重，特别是受俄语发音中重音变化的影响尤其明显。同一音素在连续语音中随着上下文的不同而表现出不同的发音，这一现象就是协同发音。协同发音在小词汇量识别中可以通过音素的不同选择避免，但随着系统中词汇量的提高，以词或词组作为识别单位则不太可能，因为模板数目很大甚至是天文数字。因此，大词汇量连续语音识别通常以音素作为识别单位，此时协同发音问题无法避免。

连续语音识别研究的大多数问题均与相应的语言学和语音学知识有关，特别是针对大词汇量连续语音识别，要特别注重语音学相关知识的综合运用。

3.1.1 连续语音识别的整体模型

连续语音识别系统的主要组成部分包括声学模型、语言模型和发音词典，识别时经过特征提取的输入端语音文件，在语音解码和搜索算法判决后即可输出对应的文本，其原理如图 3-1 所示。

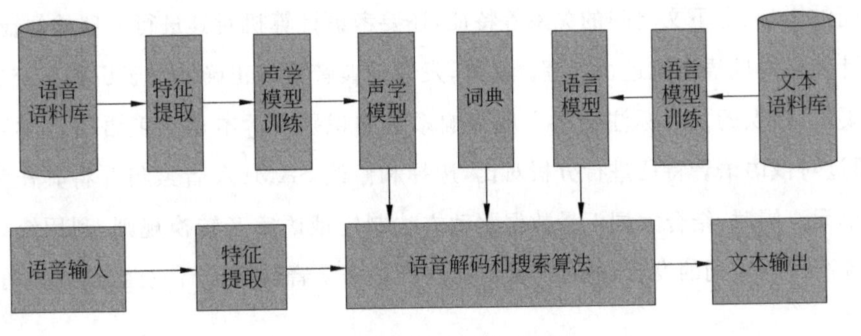

图 3-1 连续语音识别的原理

大词汇量连续语音识别的基本框架由 3 个层次构成，即声学语音层、词法层和句法层，如图 3-2 所示。

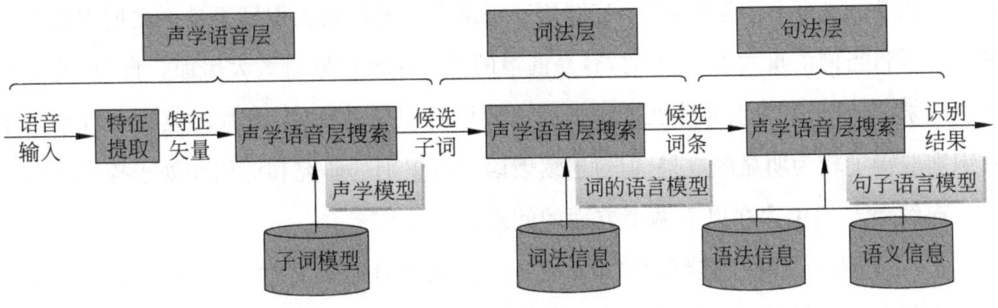

图 3-2 大词汇量连续语音识别的基本框架

输入语音经特征提取后得到特征矢量序列：在声学语音层，每个子词由一个 HMM 及相应的参数表示，利用声学特征对所有子词进行搜索，得到候选子词序列；然后，在词法层根据词法构词信息及语言模型进行词条搜索，得到候选词条序列；最后根据语法、语义信息等句子的语言模型进行句法层搜索，得到识别结果。这样，由最初的声学特征矢量出发，逐层搜索，依次扩大至子词、词条，直到最后的语句。

由于孤立词识别中的词汇量相对较少，因此可以利用穷尽法得到最优的词汇匹配。连续语音识别中的穷尽法的计算量非常大，词汇概率的计算需要在语言模型下进行。语言模型可以采用有限状态网络进行计算，可以与声学模型统一到基于 HMM 的概率模型中，识别可在统一的概率模型上进行。

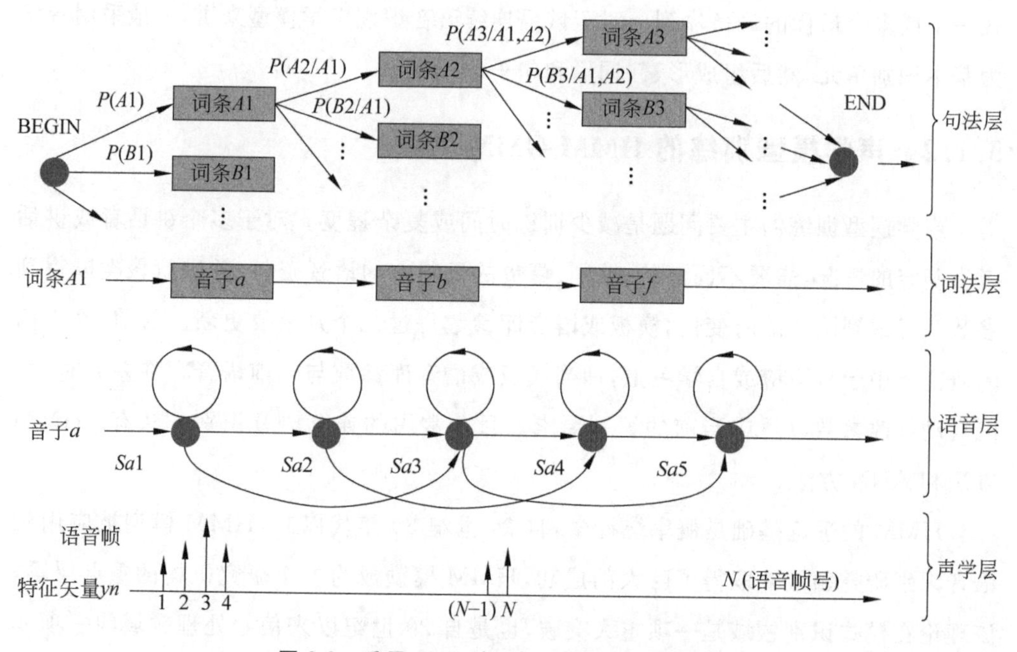

图 3-3　采用 HMM 统一框架的语音识别模型

如图 3-3 所示，基于 HMM 的统一框架，分别建立声学语音层、词法层和句法层的语音识别系统模型。其中，声学语音层为系统的底层，输入是以词为单位的语音片段，输出是音节、半音节、音素、音子等，音子是比音更小的语音单位，可将其作为语音识别的基本单位。对于每个基本识别单位，至少需要建立一套 HMM 的结构和参数，而每一个 HMM 中最基本的组成单位则是状态以及状态之间的转移弧。词汇表中的每一个词是由哪些音素或音子串接而成交由词法层规定，而词按照何种规则构成一个句子则由句法层规定。在 HMM 的统一框架下，句法描述不是按规则或转移网络的形式，而是采用概率式结构。句子由若干词条构成，词条由音子构成，音子 HMM 的构成单位是状态及转移弧，因此句子最终描述为包含众多状态的状态图，所有可能的句子构成一个大系统的大状态图。在识别过程中，需要在大状态图中搜索一条路径，其对应的状态图产生输入特征向量序列的概率为最大，该状态图所对应的句子就是识别的结果。

HMM统一框架必须解决的问题是在状态图中搜索出最佳路径，为每一个音子建立HMM，建立既符合应用要求，又有高效算法的统计语言模型。建立音子HMM是一项细致的工作，本书选择音子而不选择词或音素为基本识别单位的主要原因是词的数量太多，存储空间太大，而音素在不同上下文情况下有不同的发音(协同发音)。对大词汇量连续语音识别而言，最终目的是从各种可能的子词序列形成的一个网络中寻找一个或多个最优的词条序列。对于俄语连续语音识别声学模型来讲，一般采用音素为基本识别单元，然后组成形素、词形和句子。

3.1.2 声学模型训练的HMM-GMM方法

声学模型训练的主要问题是减少训练时间或复杂程度。对于多个讲话者或讲话者不确定的情况，需要不同年龄、性别、籍贯的录制人的语音资料，并进行聚类以得到参数。考虑到语音的时变性，模板或语音库参数每过几个月就要更新。目前，这方面的研究集中于自适应或自学习上，即当模板或语音库参数与当前语音存在差异时，可以自动修改参数以适应当前的识别要求。目前常用的连续语音识别方法有：HMM方法和ANN方法。

HMM的理论基础是概率统计学，自20世纪80年代以来，HMM模型被应用到语音识别研究领域并取得了巨大的成功，HMM模型成为各个研究机构的重点课题，该理论在模式识别领域是一项重大突破，也是自20世纪以来信号处理领域的一项非常重要的研究成果。HMM作为一种概率统计模型，不但可以有力地描述时序动态信号的变化规律，而且还能对语音信号特征分布的概率问题进行分析，作为一种模型分析工具，对于准平稳时变语音信号的分析和语音信号的识别起到了重要作用。

HMM模型属于马尔可夫链的一种，该模型是一个双重随机过程，一个过程是马尔可夫链，用来描述短时平稳信号的时变过程，表明了HMM模型中每个状态之间的转移关系，这个过程是可以观测到的。用来描述模型的状态个数与其观察值之间的对应关系是另一个随机过程，在这一随机过程中，只能得到信号的观察值，而对于其相应的状态，并不能通过图形得到，由于模型状态隐含在观测值序列中，因此该过程是隐蔽的。这两个随机过程之间是相互联系的，不仅描述了信号的动态变化过程，而且解决

了短时平稳信号之间的过渡问题。人类的语言过程也是一个准双重随机过程，发出的语音信号被认为是短时平稳信号，能够被人听到，可是隐含在语音信号中的语义非常丰富，而这些语义信息却不能够直接获得。HMM 的一般过程为：首先采用 Baum-Welch 算法，通过迭代使观察序列与模型符合的概率 $P(Y|\lambda)$（Y 为当前样本的观测序列）达到某种极限，训练出信号的最佳模型参数 $\lambda=(\pi,A,B)$；然后，在识别过程中，采用基于整体约束最优准则的 Veterbi 算法，计算当前语音序列与似然概率 $P(Y|\lambda)$，选择最佳状态序列，并由此确定输出的结果。

下面简要介绍 HMM-GMM 框架的基本原理、建模方法和实验过程。

1. HMM 的定义

如图 3-4 所示，x 表示状态数据，y 表示可观察序列，a 表示状态转移概率，b 表示输出概率。

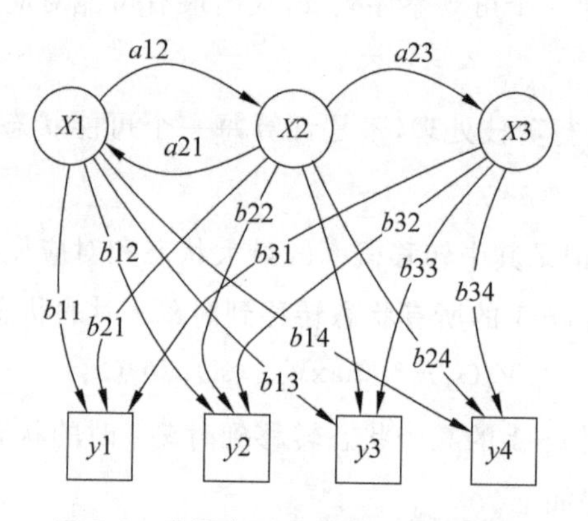

图 3-4　隐马尔可夫模型的概率参数

ANS 表示一个由不可见节点(unobservable)和可见节点(visible)组成的马尔可夫过程。

不可见节点表示状态，可见节点代表能够听到的语音或能够看到的时间序列信号。

在指定 HMM 结构和训练 HMM 模型时，给定 n 个时间序列信号 $y_1,\cdots,y_T$（训练样本），采用 MLE 估计参数，初始化概率有 N 个状态、a 代表状态转移概率、b 代表输出概率。

在语音信号处理过程中，一个单词由若干音素组成；每一个 HMM 可以对应一个单词或音素；一个单词表示为若干状态(states)，每一个状态用一个音素表示。

HMM 需要解决三个主要问题：评估问题、解码问题、训练问题。

① 评估问题。一个 HMM 模型可以生成一串可观察序列 x 的概率(前向算法)。

Initialization

$$\begin{cases} a_0(s_i) = 1 \\ a_0(s_j) = 0, \text{if } s_j \neq s_i \end{cases} \tag{3-1}$$

Recursion

$$a_t(s_j) = \sum_{i=1}^{N} a_{t-i}(s_i) a_{ij} b_j(x_t) \tag{3-2}$$

Terminaiton

$$p(x \mid \lambda) = a_T(s_E) = \sum_{i=1}^{N} a_T(s_i) a_{iE} \tag{3-3}$$

其中，$a_t(s_j)$表示 HMM 在时刻 t 处于的状态 j，且 observation$=\{x_1,\cdots,x_t\}$的概率 $a_t(s_j)=p(x_1,\cdots,x_t,S(t)=s_j|\lambda)$，$a_{ij}$ 为状态 i 到状态 j 的转移概率，$b_j(x_t)$表示状态 j 生成 x_t 的概率。

② 解码问题。给定一个可观察序列 x，找出最有可能对应的 HMM 状态序列(维特比算法)。

在具体计算中要进行剪枝处理，不是计算每一个可能状态序列的概率，而是采用维特比进行逼近。

从时刻 $1\sim t$，只须记录其中转移概率的最大状态和对应概率。

记 $V_t(s_i)$为从时刻 $t-1$ 的所有状态转移到时刻 t 时的状态为 j 的最大概率，即

$$V_t(s_j) = \max_i V_{t-1}(s_i) a_{ij} b_j(x_t) \tag{3-4}$$

记 $bt_t(s_i)$为从时刻 $t-1$ 的某个状态转移到时刻 t 时的状态为 j 的概率最大。

维特比的逼近过程如下。

Initialization

$$\begin{cases} V_0(s_i) = 1 \\ V_0(s_j) = 0 \quad \text{if } s_j \neq s_i \\ bt_o(s_j) = 0 \end{cases} \tag{3-5}$$

Recursion

$$\begin{cases} V_t(s_j) = \max\limits_{i=1}^{N} V_{t-1}(s_i) a_{ij} b_j(x_t) \\ bt_t(s_j) = \arg\max\limits_{i=1}^{N} V_{t-1}(s_i) a_{ij} b_j(x_t) \end{cases} \tag{3-6}$$

Terminaiton

$$\begin{cases} P^* = V_T(s_E) = \max\limits_{i=1}^{N} V_T(s_i) a_{iE} \\ s_T^* = bt_T(q_E) = \arg\max\limits_{i=1}^{N} V_T(s_i) a_{iE} \end{cases} \tag{3-7}$$

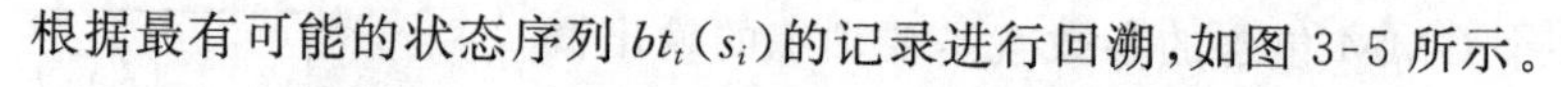

根据最有可能的状态序列 $bt_t(s_i)$ 的记录进行回溯，如图 3-5 所示。

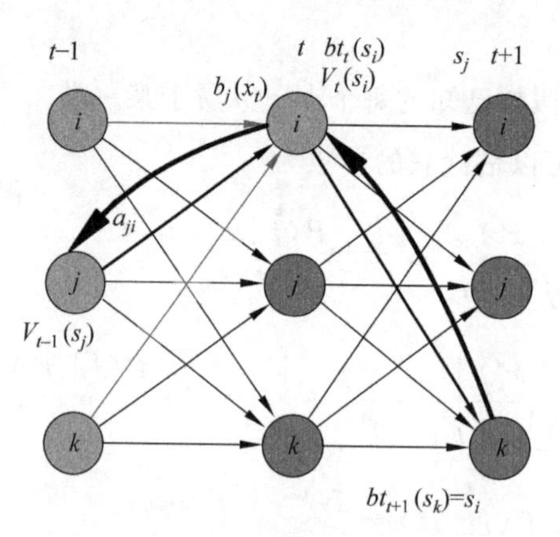

图 3-5　通过回溯法寻找最佳状态序列

③ 训练问题。给定一个可观察序列 x，训练出 HMM 参数 $\lambda=\{a_{ij},b_{ij}\}$（前向一后向算法）。

2. GMM 定义及使用 GMM 求某一个音素的概率

① 混合高斯模型就是指几个高斯的叠加，如 $k=3$，如图 3-6 所示。

$$p(x)=\sum_{j=1}^{p}P(j)p(x\mid j)=\sum_{j=1}^{p}P(j)N_j(x;\mu j,\sigma_j^2) \tag{3-8}$$

② GMM 的状态序列。

每个状态对应一个 GMM，其中包含 k 个参数（高斯模型），如 hi($k=3$)，如图 3-7 所示。

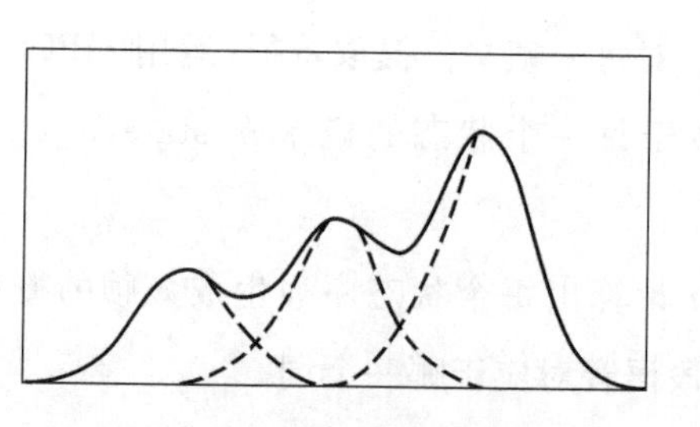

图 3-6　GMM 的说明和 x 的概率

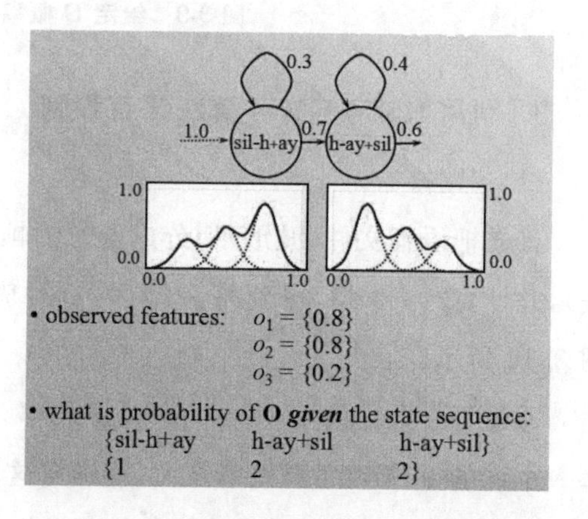

图 3-7　使用 GMM 估计状态序列给定观察的概率

其中，每一个 GMM 包含的参数就是要训练的输出概率参数，如图 3-8 所示。

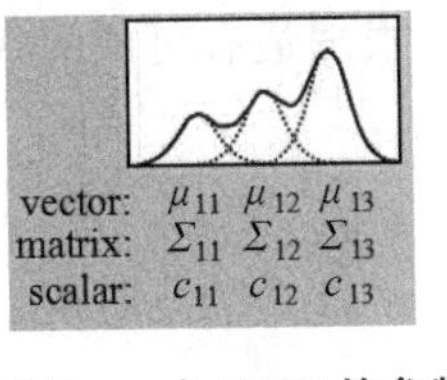

图 3-8 一个 GMM 的参数

与 K-Means 类似，假如已知的每个点 x^n 属于某一类 j 的概率 $p(j|x^n)$，就可以估计它的参数为

$$\hat{\mu}_j = \frac{\sum_n P(j \mid x^n) x^n}{\sum_n P(j \mid x^n)} = \frac{\sum_n P(j \mid x^n) x^n}{N_j^*}$$

$$\hat{\sigma}_j^2 = \frac{\sum_n P(j \mid x^n) \| x^n - \mu_k \|^2}{\sum_n P(j \mid x^n)} = \frac{\sum_n P(j \mid x^n) \| x^n - \mu_k \|^2}{N_j^*} \tag{3-9}$$

$$\hat{P}(j) = \frac{1}{N} \sum_n P(j \mid x^n) = \frac{N_j^*}{N}$$

$$N_j^* = \sum_{n=1}^{n} P(j \mid x^n)$$

这些参数若已知，就可以在识别时在给定输入序列的情况下计算状态转移概率。

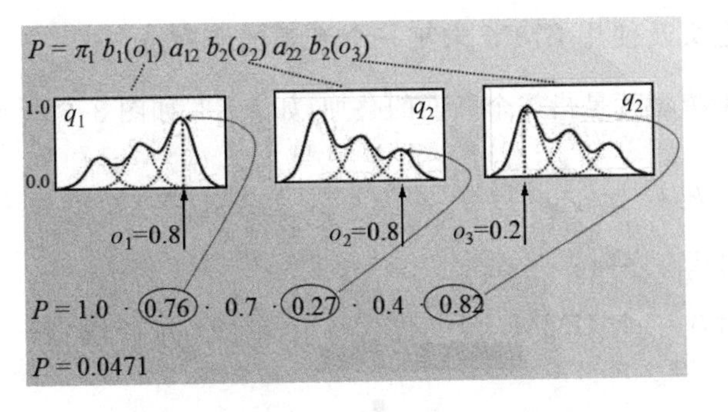

图 3-9 给定 O 概率情况下 S 的概率

3. 利用 HMM-GMM 解决语音识别

(1) 识别。

首先把语音文件(波形)切分成等长的帧，对每一帧文件提取特征(运用 MFCC 算法)，并计算其 GMM，得到每一帧(o_i)对应于每一个状态的概率 $b\_\text{state}(o\_i)$，如图 3-10 所示。

通过每个单词的 HMM 状态转移概率 a 计算出每个状态序列生成该帧的概率；哪一个词的 HMM 序列概率最大，就确定这段语音对应于哪一个词。

语音识别总体框架如图 3-11 所示。

(2) 训练。

训练模型可以得到 GMM 的参数和 HMM 的转移概率。

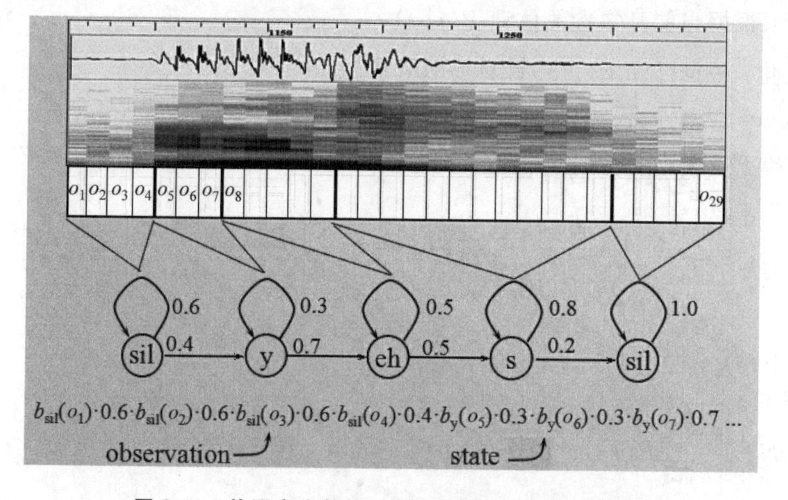

图 3-10　从语音完整的过程数据帧到一个状态序列

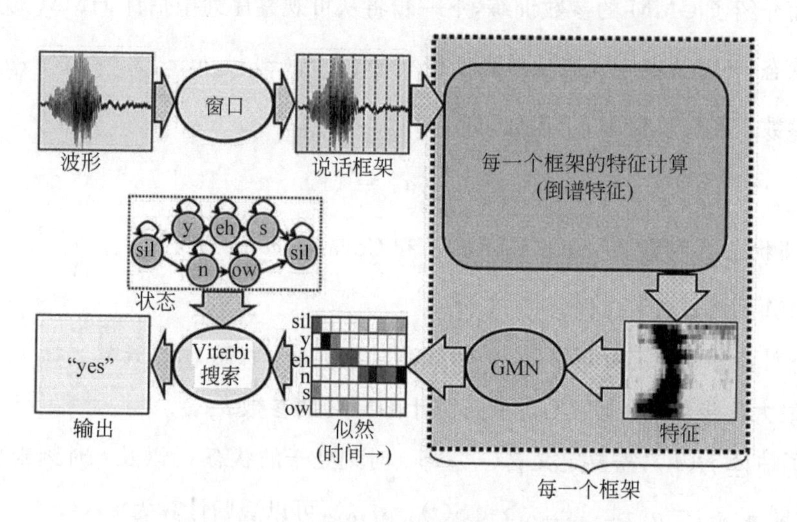

图 3-11　语音识别总体框架

① GMM 参数训练。

GMM 参数中的高斯分布参数为 mean vector μ^j 和 Covariance matrix$\sum^j$。

求上述参数前首先要知道 $P(j|x)$，即 x 属于第 j 个高斯的概率。

$$P(j \mid x)=\frac{P(x \mid j)P(j)}{P(x)} \tag{3-10}$$

根据式(3-10)，需要求 $P(x|j)$以及 $P(j)$以估计 $P(j|x)$。

但 $P(x|j)$和 $P(j)$未知，需要使用 EM 算法迭代估计以使得最大化 $P(x)=P(x_1)\cdot P(x_2)\cdot \cdots \cdot P(x_n)$。

初始化后(采用 K-means)得到 $P(j)$后迭代。

估计：根据当前已知参数估计 $P(j|x)$。

最大化：根据已知 $P(j|x)$计算 GMM 参数。

$$\hat{\mu}_j = \frac{\sum_n P(j \mid x^n)x^n}{\sum_n P(j \mid x^n)} = \frac{\sum_n P(j \mid x^n)x^n}{N_j^*}$$

$$\hat{\sigma}_j^2 = \frac{\sum_n P(j \mid x^n) \mid\mid x^n - \mu_k \mid\mid^2}{\sum_n P(j \mid x^n)} = \frac{\sum_n P(j \mid x^n) \mid\mid x^n - \mu_k \mid\mid^2}{N_j^*} \tag{3-11}$$

$$\hat{P}(j) = \frac{1}{N}\sum_n P(j \mid x^n) = \frac{N_j^*}{N}$$

$$N_j^* = \sum_{n=1}^{n} P(j \mid x^n)$$

② HMM 参数训练。

上面介绍了 GMM 的参数训练，下一步将从可观察序列中估计 HMM 的参数 λ。

设状态 → 可观察序列服从单高斯概率分布：$b_j(x) = p(x \mid s_j) = \xi(x:\mu_j, \sum^j)$，则 λ 由参数 λ 和转移概率 a_{ij} 组成，即

$$\sum a_{ij} = 1 \tag{3-12}$$

高斯状态 s_j 参数为 mean vector μ^j 和 Covariance matrix $\sum^j$。

HMM 训练过程：迭代。

E 估计步骤：给定可观察序列，估计在时刻 t 处于状态 s_j 的概率 $\gamma_t(s_j)$。

M 最大化步骤：根据 $\gamma_t(s_j)$重新估计 HMM 的参数 a_{ij}。

为了估计 $\gamma_t(s_j)$，需要定义 $\beta_t(s_j)$，即 t 时刻处于的状态 s_j 以及 t 时刻未来可观察的概率，即 $\beta_t(s_j) = p(x_{t+1}, x_{t+2}, x_T \mid S(t) = s_j, \lambda)$，可以递归计算为

Initialization

$$\beta_T(s_i) = a_{iE} \tag{3-13}$$

Recursion

$$\beta_t(s_i) = \sum_{j=1}^{N} a_{ij} b_j(x_{t+1}) \beta_{t+1}(s_j) \tag{3-14}$$

Terminaiton

$$p(x \mid \lambda) = \beta_0(s_1) = \sum_{j=1}^{N} a_{1j} b_j(x_1) \beta_1(s_j) = \alpha_T(s_E) \tag{3-15}$$

即定义刚才的 $\gamma_t(s_j)$为状态发生概率，表示给定的可观察序列以及时刻 t 处于的状态 s_j 的概率 $P(s(t) = s_j \mid x, \lambda)$。根据贝叶斯公式 $P(A,B|C) = P(A|B,C)P(B|$

C)，有：

$$P[S(t)=s_j \mid X,\lambda]=\frac{P[X,S(t)=s_j \mid \lambda]}{p(X \mid \lambda)} \tag{3-16}$$

由于分子 $P[X,S(t)=s_j|\lambda]$为

$$\begin{aligned}\alpha_t(s_j)\beta_t(s_j) &= p[x_1,\cdots x_t,S(t)=s_j \mid \lambda]p[x_{t+1},x_{t+2},X_T \mid S(t)=s_j \mid \lambda] \\ &= p[x_1,\cdots x_t,x_{t+1},x_{t+2},X_T \mid S(t)=s_j \mid \lambda] \\ &= p[X,S(t)=s_j \mid \lambda]\end{aligned} \tag{3-17}$$

其中，$\alpha_t(s_j)$为隐马尔可夫模型在时刻 t 所处的状态 j，且可观察序列为$\{x_1,\cdots,x_t\}$的概率 $\alpha_t(s_j)=p[x_1,\cdots x_t,S(t)=s_j|\lambda]$。

$\beta_t(s_j)$表示在 t 时刻处于的状态 s_j 以及 t 时刻可观察序列的概率，且 $p(X|\lambda)=\alpha_T(s_E)$。最后代入 $\gamma_t(s_j)$的定义公式得：

$$\gamma_t(s_j)=P[S(t)=s_j \mid X,\lambda]=\frac{1}{\alpha_T(s_E)}\alpha_t(j)\beta_t(s_j) \tag{3-18}$$

因此，只要给定了可观察序列和 HMM 的参数 λ，就可以估计 $\gamma_t(s_j)$了。

M 最大化步骤：根据 $\gamma_t(s_j)$重新估计 HMM 的参数 λ。

针对 λ 中的高斯参数部分，利用和 GMM 一样的最大化过程，可得：

$$\begin{cases}\hat{\mu}^j=\dfrac{\sum_{t=1}^{T}\gamma_t(s_j)x_t}{\sum_{t=1}^{T}\gamma_t(s_j)} \\ \hat{\sum}^j=\dfrac{\sum_{t=1}^{T}\gamma_t(s_j)(x_t-\hat{\mu}^j)(x-\hat{\mu}^j)^T}{\sum_{t=1}^{T}\gamma_t(s_j)}\end{cases} \tag{3-19}$$

对于 λ 中的状态转移概率 a_{ij}，定义 $C(s_i \to s_j)$为从状态 s_i 转移到 s_j 的次数，则有

$$\hat{a}_{ij}=\frac{C(s_i \to s_j)}{\sum_K C(s_i \to s_j)} \tag{3-20}$$

在实际计算时，定义每一时刻的转移概率 $\xi_t(s_i,s_j)$为时刻 t 从 s_i 转移到 s_j 的概率，则有

$$\begin{aligned}\xi_t(s_i,s_j) &= P[S(t)=s_i,S(t+1)=s_j \mid X,\lambda] \\ &= \frac{P[S(t)=s_i,S(t+1)=s_j,X,\lambda]}{p(X,\ \Lambda)} \\ &= \frac{\alpha_t(s_i)a_{ij}b_j(x_{t+1})\beta_{t+1}(s_j)}{\alpha_T(s_E)}\end{aligned} \tag{3-21}$$

进一步得到

$$\hat{a}_{ij} = \frac{\sum_{t=1}^{T} \xi_t(s_i, s_j)}{\sum_{k=1}^{N} \sum_{t=1}^{T} \xi_t(s_i, s_j)} \tag{3-22}$$

因此,HMM 的 EM 迭代过程如下。

E 估计步骤:

全部时间状态对;

递归计算前向概率 $\alpha_t(s_j)$和后向概率 $\beta_t(j)$;

计算状态发生概率 $\gamma_t(s_j)$和 $\xi_t(s_i, s_j)$。

M 最大化步骤:

根据估计状态所产生的概率重新估计隐马尔可夫模型的参数,如均值 μ^j、协方差矩阵 $\sum_j$ 和转移概率 a_{ij}。HMM-GMM 框架在声学建模中的作用如图 3-12 所示。

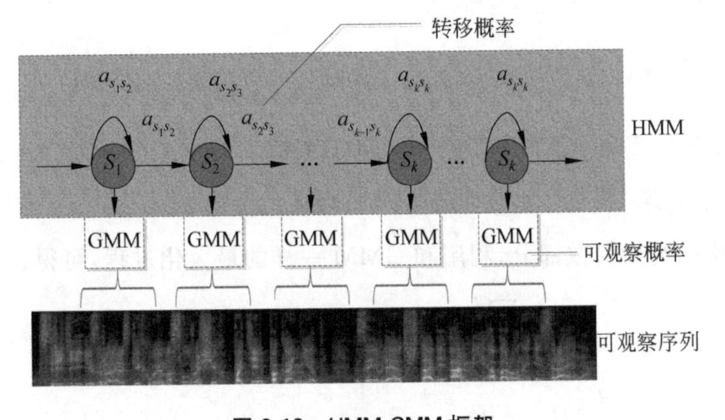

图 3-12 HMM-GMM 框架

HMM-GMM 框架由于具备较完善的理论体系,包括自适应、决策树状态聚类技术、声学模型区分性训练等相对成熟的算法,以及诸如 HTK 开源工具等,该框架受到了诸多研究者的喜爱,并在 LVCSR 上取得了较多突破。

3.1.3 声学模型训练中的 HMM-DNN 方法

20 世纪 80 年代,人工神经网络(ANN)开始被研究者关注,由于其有较强的自组织能力和区分模式边界能力,因此非常适合于解决语音识别的分类问题。ANN 是一种计算模型,它比较类似于人类的认识过程,是一个自适应的非线性的动力学系统,它模拟了人类的神经元活动的基本原理,因此具有自适应、容错、并行及学习的特性。受限于技术原因,通常只针对其静态模型进行设计。因为语音信号是时变信号,语音识别技术在应用神经网络时需要对其进行修正,使其能够反映输入语音信号的时域特性。

ANN 能够持续不断地修改自身的权值参数，并根据具体任务需求和训练集中数据的不同分布进行非线性映射，通过迭代过程逐步接近目标。训练完成后，网络中的每个神经元都存储了目标模式，这就是神经网络的自学习功能，因此其在各种模式下的分类任务以及智能信息处理全过程中均得到了广泛应用。

近年来，深度学习(Deep Learning，DL)在语音信号处理、语言信息处理等领域得到了广泛应用。作为一种机器学习方法，深度学习利用多个层次的非线性信号和信息处理技术进行有监督或无监督的训练，旨在提取信号特征、信号之间的转换和模式的分类等。此处，所谓"深度"指的是采用深层的结构模型对语音信号进行处理。

随着深度学习技术的快速发展，众多研究人员将 DNN 应用到了语音识别研究中，语音识别系统的性能因此得以明显提升。ANN 以新的面貌 DNN 展现出来，引发了学术界和工业界的空前关注。通常，DNN 被定义为具有两个或两个以上隐层的多层感知器，DNN 已经成为语音识别领域的研究热点，相关技术可显著提升声学模型的性能。典型的 DNN 拓扑结构如图 3-13 所示。

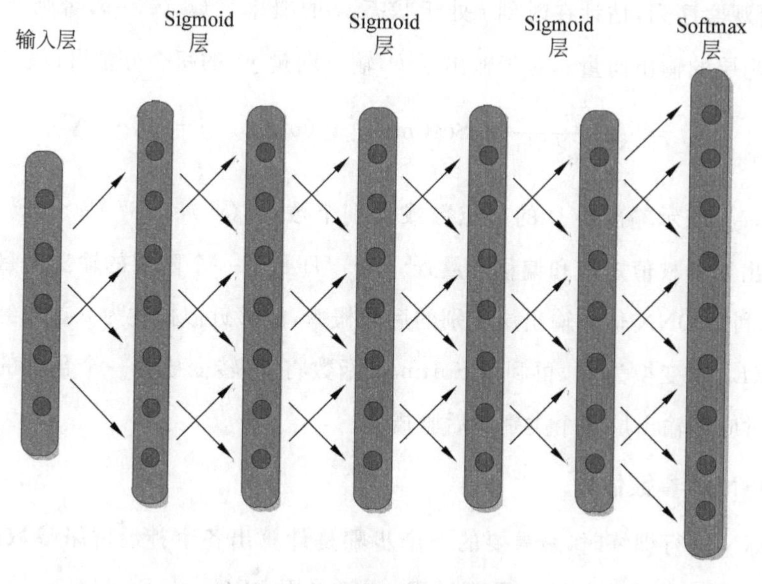

图 3-13　典型的 DNN 拓扑结构

1. DNN 的数学表达

深度神经网络实际上是一个多层感知器(MLP)，在结构上具有很大程度的扩展，它包含多个隐层(一般有 5 个以上)，输出层也由较大粒度、较少数目的类别目标变换成了较小粒度、庞大数目的类别目标，通常会使用一些有效的训练方法进行网络参数等的初始化，而这恰好是保证 DNN 能够被快速有效地训练并取得卓越性能的重要因素之一。图 3-13 显示的前馈神经网络是一个典型的 5 隐层 DNN 结构，在这个结构中，属于同一层的节点之间不存在连接，而相邻层的节点之间则两两相互连接。DNN 通常用于针对不同类别的后验概率进行建模，它的隐层节点的激励函数常采用 Sigmoid 函数，而输出层节点的激励函数常采用 Softmax 函数，其输出对应于不同类别的后验概率。

为了方便描述，假设 DNN 一共有$(L+2)$层，包含 1 个输入层、L 个 Sigmoid 隐层、1 个 Softmax 输出层。由于输入层一般是直接透明地对接输入向量的，不含有参数，因此在训练过程中只考虑除输入层以外的$(L+1)$层网络。对于某一个隐层 l，$l=0,\cdots L-1$，其输出向量 $\boldsymbol{h}^l$ 的每个分量可以表达为

$$\boldsymbol{h}_j^l=\sigma[z_j^l(\boldsymbol{v}^l)]=\sigma[(\boldsymbol{w}_j^l)\boldsymbol{v}^l+\boldsymbol{a}_j^l],\quad j=1,\cdots N^l \tag{3-23}$$

其中，N^l 表示隐层 l 的节点数，$\boldsymbol{w}_j^l$ 和 $\boldsymbol{a}_j^l$ 分别是与隐层 l 第 j 个节点相关联的权值向量和偏移向量，$\sigma(z_j)=\frac{1}{1+\mathrm{e}^{-zj}}$代表 Sigmoid 激活函数，若输入向量为 $\boldsymbol{o}$，则当 $l=\boldsymbol{o}$ 时，给定可观察序列，估计在时刻 t 处于状态 s_j 的概率 $\gamma_t(s_j)v^l=\boldsymbol{o}$，否则 $\boldsymbol{v}^l=\boldsymbol{h}^{l-1}$，即等于前一隐层的输出向量。对于输出层 L，输出向量 $\boldsymbol{y}^L$ 的每个分量可以表达为

$$\boldsymbol{y}_J^L=\frac{\mathrm{e}^{z_j^L(v^L)}}{\sum_{j'}\mathrm{e}^{z_{j'}^L(v^L)}}=\mathrm{Soft\ max}_j[z^L(v^L)],\quad j=1,\cdots,N^L \tag{3-24}$$

其中，N^L 表示输出层 L 的节点数或类别个数，$z^L(\boldsymbol{v}^L)=(\boldsymbol{W}^L)^T\boldsymbol{v}^L+\boldsymbol{a}^L$，$\boldsymbol{W}^L$ 和 $\boldsymbol{a}^L$ 分别是输出层的权值矩阵和偏移向量，$\boldsymbol{v}^L=\boldsymbol{h}^{L-1}$即最后一个隐层的输出向量。给定输入向量 $\boldsymbol{o}$，利用 DNN 估计输出层类别的后验概率，能够近似描述为 $\boldsymbol{o}$ 首先经过逐层非线性处理(L 次)变换为 $\boldsymbol{v}^L$，再利用 Softmax 函数将 $\boldsymbol{v}^L$ 转变成为一个预估的多项式分布 y^L，其对应于输出层各个类别的后验概率。

2. DNN 的参数估计

在 DNN 进行训练时，最重要的一个步骤是计算出各个神经网络参数的梯度值，以便于完成对这些参数的迭代更新过程，一般采用 BP(Back Propagation)算法，该算法具有快速简便的特点，在 DNN 的训练中起着举足轻重的作用，其基本思想是把 DNN 训练过程看作是误差反向传播的过程，在此过程中，基于随机梯度逐渐下降的网络参数的更新方法可以表示为

$$(\boldsymbol{W}^l,\boldsymbol{a}^l)\leftarrow(\boldsymbol{W}^l,\boldsymbol{a}^l)-\varepsilon\cdot\frac{\partial D}{\partial(\boldsymbol{W}^l,\boldsymbol{a}^l)},\quad 0<l<L \tag{3-25}$$

其中，ε 是学习速度(Learning Rate)，由于 SGD 对学习速率比较敏感，因此一般情况下会将学习速度设置成一个非常小的数值，以保证 DNN 的训练逐步趋于收敛；D 是一个目标函数(Objective Function)或代价函数(Loss/Cost Function)，它是为 DNN 训练而特别设定的，目标函数一般选定为类别的真实概率分布，以及由 DNN 计算出来的预估概率分布(指多项式分布)之间的交叉熵(Cross Entropy，CE)，记为 D_{XENT}。如果给定训练集$\{o(t)\mid t=1,\cdots T\}$，则得出：

$$D_{XENT}=\sum_{t=1}^{T}\sum_{j=1}^{N^L}\hat{y}_j(t)\lg\frac{\hat{y}_j(t)}{y_j^L(t)} \tag{3-26}$$

其中，T 代表训练集中样本点的个数，N^L 代表训练集中类别的个数，$y_j^L(t)$代表样本 $o(t)$作为 DNN 输入计算而得到的预估的概率分布的第 j 个分量，即 DNN 输出层中第 j 个节点输出的 Softmax 函数，而$\hat{y}_j(t)$是由标注指定的，对应样本 $o(t)$真实的概率分布中的第 j 个分量。当使用“硬性”特征标注时，则有$\hat{y}_j(t)\in\{0,1\}, j=1,\cdots N^l$；当使用“软性”特征标注时，则有$\hat{y}_j(t)\in[0,1], j=1,\cdots N^l$。

给出交叉熵 D_{XENT}的具体形式之后，DNN 的训练将会在最小化交叉熵准则的指导下完成。根据 BP 算法，可以简便、有效地计算出 D_{XENT}关于各层权值($W^l, l=0,\cdots L$)和偏移向量($a^l, l=0,\cdots L$)的梯度，用于式(3-25)中以进行参数更新。梯度的表达式为

$$\begin{aligned}\frac{\partial D_{XENT}}{\partial W^l}&=\sum_{t=1}^{T}\boldsymbol{v}^l(t)\left[\boldsymbol{\omega}^l(t)e^l(t)\right]^{\mathrm{T}}\\ \frac{\partial D_{XENT}}{\partial \boldsymbol{a}^l}&=\sum_{t=1}^{T}\boldsymbol{\omega}^l(t)e^l(t)\end{aligned} \tag{3-27}$$

式(3-27)中，$e^l(t)$是输入的样本点 $o(t)$所对应的各层产生的误差信号，而 $\boldsymbol{\omega}^l(t)$则与隐层 Sigmoid 的激励函数导数密切相关，由链式法则表示具体形式为

$$\begin{cases}e^l(t)=\begin{cases}\dfrac{\partial D_{XENT}}{\partial z^L(v^L(t))}=y^L(t)-\hat{y}(t), & l=L\\ \dfrac{\partial D_{XENT}}{\partial v^{l+1}(t)}=W^{l+1}\cdot\boldsymbol{\omega}^{l+1}\cdot e^{l+1}, & 0\leqslant l<L\end{cases}\\ \boldsymbol{\omega}^l(t)=\begin{cases}1, & l=L\\ \mathrm{diag}(\sigma'(z^l(v^l(t)))), & 0\leqslant l<L\end{cases}\end{cases} \tag{3-28}$$

从而形成一个误差反向传播的过程，输出层误差信号 $e^L(t)$的计算是这个过程的起点。另外，对于某个隐层 l，$\boldsymbol{\omega}^l(t)$是一个对角矩阵，它的对角元素是 Sigmoid 函数的导数 $\sigma'(z_j^l)=\sigma(z_j^l)\cdot(1-\sigma(z_j^l)), j=1,\cdots,N^l$。当然，在计算梯度之前，首先需要经过

一个前向计算过程得到 $v^l(t)$，$l=1,\cdots,L$，而 $v^0(t)=o(t)$。

若用参数表示偏移向量或权值矩阵，并表示参数更新量，则得到：

$$\theta^{(i+1)}=\theta^{(i)}+\Delta\theta^{(i+1)} \tag{3-29}$$

这里，$\Delta\theta^{(i+1)}=-\varepsilon\cdot\frac{\partial D_{XENT}}{\partial\theta}$。引入冲量项以减少由梯度产生的参数更新量或者引入衰变项惩罚梯度产生的参数更新量，若把三者组合，则当前迭代的参数更新量可以表示为

$$\Delta\theta^{(i+1)}=\rho\cdot\Delta\theta^{(i)}+(1-\rho)\cdot\left(-\varepsilon\cdot\frac{\partial D_{XENT}}{\partial\theta}-\varepsilon\cdot\eta\cdot\theta^{(i)}\right) \tag{3-30}$$

其中，ρ 表示冲量因子，η 表示衰变因子或者惩罚因子。

在语音识别领域，声学建模常常通过两种方式使用 DNN。

① 用 HMM-DNN 混合模型取代传统的 HMM-GMM 框架，并对状态输出的概率进行计算。与 GMM 相比，DNN 只对输入特征分布情况作出一个很小的假设，进而将分类与输入特征内部结构之间的自学习结合起来，因此可赋予提取特征以更大的灵活性，并能深度整合不同的信息源（即不同性质的输入特征）。这正是本研究基于 HMM-DNN 模型进行俄语声学建模的主要考量。

② 作为声学特征的提取工具，基于 HMM-DNN 模型可对输入特征进行多次的非线性变换（对应多层结构，每层看作一个非线性变换），能够得到区分性更强的声学特征参数，便于基于 HMM-GMM 的声学建模。本书第 5 章将详述 HMM-DNN 在俄语连续语音识别中的应用及相关实验。

3.2 俄语语音学概述

3.2.1 俄语的使用及分布情况

世界语言分属于不同语系，如印欧语系、拉丁语系等。其中，印欧语系可划分为日耳曼和斯拉夫等语族，而斯拉夫语族包括东斯拉夫语（俄语、白俄罗斯语、乌克兰语）、西斯拉夫语（波兰语、捷克语、斯洛伐克语等）、南斯拉夫语（阿尔巴尼亚语、塞尔维亚语、克罗地亚语等）等几个语支，这十几种语言具有许多共性特征，有数千个单词的读音相同或写法类似，例如“学校”一词的俄语为 школа，乌克兰语为 шkola，波兰语为 ckolъ。

俄语属于印欧语系中斯拉夫语族中的东斯拉夫语支，是俄罗斯联邦的官方语言，

在苏联加盟共和国时期俄语仍然是这些地区最广泛使用的语言。俄语也是中华人民共和国承认的少数民族正式语言之一，在中国新疆维吾尔自治区的伊犁、塔城、阿勒泰地区以及内蒙古自治区的呼伦贝尔市的满洲里、额尔古纳等俄罗斯族聚集地广泛使用。

俄语作为联合国(UN)六大工作语言之一，在世界政治和文化交流中发挥着非常重要的作用。俄语也是国际科技语言检索语言(ISLS)之一，将近 1/3 的科技文献是用俄语印制发布的。世界上积极或消极掌握俄语的语言社群分布范围较广，主要集中在东南欧、北美、中东、中亚及东亚部分的国家和地区，总人数近 3.8 亿人。

随着互联网的普及，网络语言的种类也日益增多。根据互联网世界统计网站发布的数据显示，在互联网用户使用语言的排名中，俄语排名第 9 位，相比以前有了很大提高。将俄语作为官方语言的国家如图 3-14 所示。

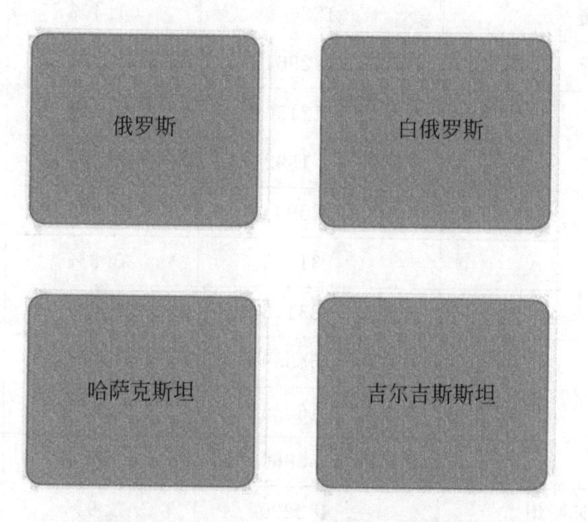

图 3-14　将俄语作为官方语言的国家

截至 2012 年，统计显示全球使用俄语的人口的变化如表 3-1 所示。

表 3-1　全球使用俄语的人口的变化

年份	世界人口/百万	俄罗斯和俄罗斯联邦/百万	占世界人口的比例/%	使用俄语的总人数/百万	占世界人口的比例/%
1900	1650	138	8.4	105	6.4
1914	1782	182.2	10.2	140	7.9
1940	2342	205	8.8	200	7.6
1980	4434	265	6	280	6.3
1990	5263	286	5.4	312	5.9

续表

年份	世界人口/百万	俄罗斯和俄罗斯联邦/百万	占世界人口的比例/%	使用俄语的总人数/百万	占世界人口的比例/%
2004	6400	146	2.3	278	4.3
2010	6820	142.7	2.1	260	3.8

使用俄语的国家的人口及比例如表 3-2 所示[1]。

表 3-2 使用俄语的国家的人口及比例

国　　家	人口	百分比	年份
亚美尼亚	23484	0.8%	2011
澳大利亚	44058	0.2%	2012
奥地利	8446	0.1%	2001
阿塞拜疆	122449	1.4%	2009
白俄罗斯	6672964	70.2%	2009
加拿大	112150	0.3%	2011
克罗地亚	1592	0.04%	2011
塞浦路斯	20984	2.5%	2011
捷克	31622	0.3%	2011
爱沙尼亚	383118	29.6%	2011
芬兰	54559	1.0%	2010
格鲁吉亚	16355	0.4%	2002
以色列	1155960	15%	2011
吉尔吉斯斯坦	482200	8.9%	2009
拉脱维亚	698757	33.8%	2011
立陶宛	218383	7.2%	2011
摩尔多瓦	380796	11.3%	2004
新西兰	7896	0.2%	2006
挪威	16833	1.0%	2012
波兰	21916	0.1%	2011
罗马尼亚	29246	0.1%	2002
俄罗斯	137494893	96.2%	2010

① https://en.wikipedia.org/wiki/Russian_language.

续表

国　　家	人口	百分比	年份
塞尔维亚	3179	0.04%	2011
斯洛文尼亚	1866	0.03%	2001
塔吉克斯坦	40598	0.5%	2012
乌克兰	14273670	29.6%	2001
美国	879434	0.3%	2013

经过以普希金为代表的19世纪语言大师对俄语的加工和提炼，在全民语言的基础上最终形成了统一的规范语言，即现代俄罗斯标准语。现代俄罗斯标准语的最大特点是吸取了人民口语和书面语的精华，成功将二者有机地糅合在了一起，主要呈现为笔头和口头两种形式，此外还具有文语（文学、政论、科技和公文）和口语语体。具有丰富的词汇、严密并经改进的语法结构、丰富的表达和修辞手法的现代俄罗斯标准语进一步促进了全民语言统一，使语言表达更加准确、理解更加容易、交际更加方便。

3.2.2 俄语语音的基本特点

语音学是语言学中研究连续语音（语流）中的音素、音素组合以及音素的随位变化的学科。从语流中可切分出连续语音的线性单位，其中音素是最基本的组成单位。在连贯话语中出现的音素、形素、词形和语句不是纯属个人的现象，而是线性的语言单位。语流是由音素组成的连续不断的线性序列，音素是语流中小的、不表示意义的单位，它在言语中是不可切分的整体，人们无法把它的各个发音动作分离出来。虽然音素本身没有意义，但它和意义是有间接联系的：音素可以组成词素、单词等表义单位，而后者有时可由一个音素组成。词形可由一个或若干个音素组成。

俄语发音法①的主要特点如下。

① 俄语高元音和中元音的舌位比汉语相应元音的舌位稍低，即发俄语高元音和中元音时，嘴要张得比发汉语相应元音时稍大些。

② 发俄语的唇元音时，双唇圆撮且向前伸的程度比发汉语的相应元音时显著些。

③ 俄语浊塞擦音是全浊音，发全浊音时的声学颤动特点是汉语发音中没有的。

④ 俄语中绝大多数的硬辅音的发音都有中舌部的抬起动作，以形成相应的软辅音。这种发音动作的结合是汉语发音中没有的。

---

① https://en.wikipedia.org/wiki/Russophone.

⑤ 俄语中半数以上的辅音的发音部位集中在前舌部，而汉语相应辅音的发音部位却集中在舌尖。

俄语语音音素可分为元音和辅音两类，发音方法的区别如下。

① 俄语发元音时气流通过口腔不会遇到任何阻碍；而发辅音时气流会在口腔中遇到不同形式的阻碍。

② 俄语元音的发音器官的紧张程度分布均匀，而辅音的发音器官的紧张程度只局限于阻碍形成的特定部位。

③ 俄语元音发音呼出的气流弱，而辅音发音呼出的气流强。

俄语共有 43 个音素，其中元音有 6 个，辅音有 37 个。

3.2.3 俄语音素的发音特征

1. 俄语元音字母的发音规则

俄语元音由乐音（即嗓音）构成。元音的不同音值取决于口腔形状的变化，使口腔改变形状的是舌体的进退和升降、双唇的舒展和圆撮，因此元音通常按照舌位的前后、高低以及双唇的状态进行分类。

元音根据舌的前后位置可分为前元音、央元音和后元音，根据舌的高低位置可分为高元音、中元音和低元音，根据双唇的状态可分为唇元音和非唇元音。

俄语元音音素的分类如表 3-3 所示。

表 3-3 俄语元音音素的分类

舌位高低	非唇元音		唇元音
	前元音	央元音	后元音
高元音	И	Ы	у
中元音	Э		о
低元音	← а →		

俄语元音音素的发音规律如下。

俄语元音 а：国际音标为[a]，是低元音、非唇元音。当发音时，口张得比较大，双唇自然舒展；舌尖轻轻依傍下齿背，中舌部微凹，后舌部稍抬起。[a]被认为是央元音，在语流中，它的舌位并不局限于一个地方，有时偏前些，有时偏后些。

俄语元音 и：国际音标为[i]，是前高非唇元音、口音。当发音时，整个舌体向前移，前舌部和中舌部一起向硬腭高高抬起，舌尖依傍下齿背；唇的两角稍向两边展开。

俄语元音 у：国际音标为[u]，是后高元音、唇元音、口音。当发音时，整个舌体向后收缩，舌尖下垂并远离下齿背，后舌部向软腭高高抬起，双唇前伸并圆撮。

俄语元音 э：国际音标为[e]，是前中元音、非唇元音、口音。当发单音时，口张得比[и]大、比[a]小；舌体向前移，中舌部向硬腭抬起，比[и]稍低些，舌尖自然下垂，依傍下齿背；双唇自然舒展。在上下文中，由于所处的语音位置不同，[э]的发音有下列区别：[э]在软辅音之后或软辅音之间是窄元音，当发音时，舌位比发单元音[э]时稍高些，口张得稍小些，如 дёло、сёли 中的[э]就是窄元音；在词首、元音后和硬辅音之间，[э]发宽元音，发音时，舌位比发窄元音时[э]稍低些，口张得稍大些，如 это、поэт、жест 等词中的[э]就是宽元音。

俄语元音 о：国际音标为[o]，是后中元音、唇元音。俄语中的[o]有两种发音，一种是发单音，整个舌体向后缩，舌尖下垂并远离下齿背，后舌部向软腭抬起，抬高的程度比[у]稍低些；双唇前伸并圆撮，口张开的程度比[у]大、比[a]小。成音后舌位自始至终不移动，这是一个纯粹的单元音；另一种发音方法是舌位从较高的位置迅速向较低的位置滑动，口也随之向上张大；因此，在发音开始时便出现了一个极短的发音动作，如 он、рот、хо 等。

俄语元音 ы：国际音标为[ɪ]/[ɨ]，是央高元音、非唇元音、口音。发音时，双唇自然舒展，舌中部带动整个舌体向上抬起，舌尖自然下垂。[ы]的发音位置在[и]与[у]之间。在上下文之中由于受前后辅音的影响，[ы]的舌位稍向前移或向后移一些都是容许的，但不能与[и]或[у]混淆，如 новый、сыи、жил、туший 等。

2. 俄语辅音音素的发音特征

辅音通常由噪声构成或噪声在音的组成中占一定比例。发音时，在口腔或喉咙内形成一定形状的障碍，使呼出的气流克服种种不同形状的障碍而发出声音。俄语辅音可根据声带的状态、发音的部位、发音的方法、中舌部的状态、软腭的状态进行分类，俄语辅音音素分类如表 3-4 所示。

3. 俄语音节

音节是用一次呼气冲动发出的一个或几个音素。词形可由一个或几个音节组成。每个音节必须包括一个元音，可以是重读的或非重读的。音节分为开音节和闭音节。开音节是以元音结尾的，闭音节是以辅音结尾的。

俄语中音节划分的基本规律是从响度低的音到响度高的音；词形的非词首音节按响度递增原则构成。

表 3-4 俄语辅音音素分类

成阻部位	积极器官		唇音				舌音						
							前舌音				中舌音	后舌音	
			双唇音		唇齿音		齿音		齿颚音		中颚音	后颚音	
	消极器官		硬	软	硬	软	硬	软	硬	软	硬	软	软
噪音	塞音	清	[П] [П’]				[т] [т’]					[к] [к’]	
		浊	[б] [б’]				[д] [д’]					[г] [г’]	
	擦音 单缝音	清			[ф] [ф’]		[с] [с’]						
		浊			[в] [в’]		[з] [з’]						
	擦音 双缝音	清							[ш] [ш’]				
		浊							[ж] [ж’]				
	塞擦音 单缝音	清					[ц]						
		浊											
	塞擦音 双缝音	清							[ч]				
		浊											
响音	擦音										[j]		
	塞通音	边音					[л] [л’]						
		鼻音	[м] [м’]				[н] [н’]						
	颤音						[p] [p’]						

3.2.4 俄语元音音素的随位变化

音素在语流中不是孤立的，而是首尾相接的，所以会因前后邻音以及重音位置的影响而发生或多或少的变化，这种变化具有一定的规律性。

1. 重读元音的随位变化

俄语中能反映重读元音变化的语音位置有 6 个。下面以 t 代表任何硬辅音，t’代表任何软辅音，a 代表任何元音，分别说明这 6 个位置，重读元音音素的随位变化如表 3-5 所示。

表 3-5 重读元音音素的随位变化

1 a，at	2 tat，ta	3 at’	4 tat’	5 t’a，t’at	6 t’at’
[e]	[э]	[ê]	[э̇]	[e]	[ê]

续表

1 a,at	2 tat,ta	3 at’	4 tat’	5 t’a,t’at	6 t’at’
[и]	—	[й]	—	[и]	[й]
[ы]	[ы]	—	[ыˑ]	—	—
[a]	[a]	[aˑ]	[aˑ]	[ˑa]	[ā]
[o]	[o]	[oˑ]	[oˑ]	[ˑo]	[ō]
[y]	[y]	[yˑ]	[yˑ]	[ˑy]	[ȳ]

其中,

a,at：在词首而又不在软辅音前；

tat,ta：在硬辅音之间或者在硬辅音后,不在软辅音前；

at’：在词首而又在软辅音前；

tat’：在硬辅音后、软辅音前；

t’a,t’at：在软辅音后而又不在软辅音前；

t’at’：在两个软辅音之间。

2. 非重读元音的随位变化

非重读元音的随位变化因重音位置的不同可分为三种情况：在重音前第一音节；在重音前第二、第三等音节；在重音后各音节。

元音音素在重音前第一音节有 5 种不同的位置,变化情况如表 3-6 所示。

表 3-6　元音音素在重音前第一音节中的随位变化

元音	语音位置				
	1 词首	2 在后舌音后	3 在对偶型硬音与[ц]后	4 在对偶型软音与[ч],[щ’],[j]后	5 在硬嘘音[ш],[ж]后
[e]	[ыэ]	[йе]	[ыэ]	[йе]	[ыэ]
[и]	[и]	[и]	—	[и]	—
[ы]	—	—	[^]	—	[ы]
[a]	[^]	[^]	[^]	[йе]	[^]
[o]	[^]	[^]	[^]	[йе]	[ыэ]
[y]	[y]	[y]	[y]	[ˑy]	[y]

元音音素在重音前第二、第三等音节有 4 种不同的位置,变化情况如表 3-7 所示。

表 3-7 元音音素在重音前第二、第三等音节中的随位变化

元音	语音位置			
	1 词首	2 在后舌音后	3 在对偶型硬音与[ц],[щ],[ж]后	4 在对偶型软音与[ч'],[ш']后
[е]	[ыᵊ]	[ы]	[ъ]	[ь]
[и]	[и]	[и]	—	[и]
[ы]	—	—	[ы]	—
[а]	[^]	[ъ]	[ъ]	[ь]
[о]	[^]	[ъ]	[ъ]	[ь]
[у]	[у]	[у]	[у]	[у]

元音音素在重音后各音节的随位变化如表 3-8 所示。

表 3-8 元音音素在重音后各音节中的随位变化

元音	语音位置		
	1 在后舌音后	2 在对偶型硬音与[ц],[щ],[ж]后	3 在对偶型软音与[ч],[ш']后
[е]	[ь]	[ъ]	[ь]
[и]	[и]	—	[и]
[ы]	—	[ы]	—
[а]	[ъ]	[ъ]	[ь]
[о]	[ъ]	[ъ]	[ь]
[у]	[у]	[у]	[у]

3.2.5 俄语辅音音素的随位变化

俄语中能反映辅音变化的语音位置有 6 个：词末、相邻的噪辅音、在软齿音([т']、[д']、[с']、[з'])前、在软唇音前、在[ч]和[ш']前、在硬嘘音[ш]和[ж]前。

在词末：噪辅音清化即变为清音，词末的响音在清音之前或之后清化。

噪辅音在噪辅音前和浊音在清音前需清化，清音在[в]和[в']之外的浊音前需浊化。

在软齿音前：[с]和[з]在软齿音[т']、[д']、[с']、[з']前软化。

在软唇音前：齿音[т]、[д]、[с]、[з]在软唇音[п']、[б']、[ф']、[в']、[м']前，在词根内部或者前缀与词根交界处一般读硬音。

在软音[ч]和[щ']前：[т]在[ч]前应软化，以形成一个软的阻塞成分。

在硬嘘音[ш]和[ж]前：[с]和[з]在[ш]和[ж]前被完全同化，两者融合为一个长音。

3.3 俄语声学单元的选择

构建声学模型音素集是连续语音识别中声学模型建模所面临的首要问题，构建恰当的音素集需要遵循以下原则。

① **一致性**。在不同的语音数据或上下文环境中，相同建模单元需要具备声学上一致的特征和准确的描述力。

② **训练性**。需要具有足够的训练数据，能够稳定可靠地运算出每一个建模单元的声学模型参数。

③ **推广性**。根据建模单元进行有效组合，能够快捷高效地表达出任意的待识别词条序列。

3.3.1 俄语 SAMPA 音素集

音素[①][②]是一种语言构成音节的最小语音片段或者最小单位，是从音质角度划分出的线性语音基本单位，它不能够再进行细分，否则就没有实际意义了。世界上每种语言的音素都是有区别的，即使是同一种语言，方言的音素也是有区别的。音素与个人的发音是有严格区别的，单个人的发音是无限发音系统，而音素则是有规律且有限的发音系统。俄语共有43个音素，包括6个元音音素和37个辅音音素。

音素集是音素的集合，由43个俄语音素组成的集合就是俄语音素集。SAMPA[③]是一种计算机可以直接处理的符号系统，它与IPA[④]的符号系统之间没有一一对应的关系，因此如果用计算机对某种语言进行处理，则需要将IPA转换为SAMPA。根据SAMPA音素集进行俄语声学建模，只有这样才能够由程序实现自动处理。

通过对俄语语音特征的详细分析和发音方案的对比[⑤]，并加以适当的修改，形成

---

① http://baike.baidu.com/view/313871.htm.

② https://en.wikipedia.org/wiki/Phoneme.

③ https://en.wikipedia.org/wiki/Speech_Assessment_Methods_Phonetic_Alphabet.

④ https://en.wikipedia.org/wiki/International_Phonetic_Alphabet.

⑤ http://www.phon.ucl.ac.uk/home/sampa/russian.htm.

如下 SAMPA 音素集[1][2]，如表 3-9 所示。

表 3-9　俄语 SAMPA 音素集

SAMPA 标志	IPA 标志	类　　型	Orthography	Transcription
辅音				
爆破音				
p	p	voiceless bilabial plosive	пыль (dust)	"p1l'
p'	p^j	voiceless bilabial plosive palatalized	пить (to drink)	"p'it'
b	b	voiced bilabial plosive	быть (to be)	"b1t'
b'	b^j	voiced bilabial plosive palatalized	бить (to beat)	"b'it'
t	t	voiceless alveolar plosive	тост (toast)	"tost
t'	t^j	voiceless alveolar plosive palatalized	тень (shadow)	"t'en'
d	d	voiced alveolar plosive	дым (smoke)	"d1m
d'	d^j	voiceless alveolar plosive palatalized	день (day)	"d'en'
k	k	voiceless velar plosive	кот (cat)	"kot
k'	k^j	voiceless velar plosive palatalized	кит (whale)	"k'it
g	g	voiced velar plosive	гусь (goose)	"gus'
g'	g^j	voiced velar plosive palatalized	гибкий (flexible)	"g'i. pk'ij
Nasals				
m	m	bilabial nasal	май (May)	"maj
m'	m^j	bilabial nasal palatalized	мята (mint)	"m'a. t@
n	n	alveolar nasal	найти (to find)	nVj. "t'i
n'	n^j	alveolar nasal palatalized	нить (thread)	"n'it'
Trill				
r	ɾ	alveolar trill	краб (crab)	"krap
r'	r^j	aveolar trill palatalized	резать (cut)	"r'e. z@t'
Fricatives				
f	f	voiceless labiodental fricative	фарс (farce)	"fars
f'	f^j	voiceless labiodental fricative palatalized	физика (physics)	"f'i. z'i_X. k@

① http://www.lapsyd.ddl.ish-lyon.cnrs.fr.

② https://en.wikipedia.org/wiki/Russian_phonology.

续表

SAMPA 标志	IPA 标志	类　型	Orthography	Transcription
v	v	voiced labiodental fricative	ваза (vase)	"va. z@
v'	vʲ	voiced labiodental fricative palatalized	виза (visum)	"v'i. z@
s	s	voiceless alveolar fricative	сын (son)	"s1n
s'	sʲ	voiceless alveolar fricative palatalized	сено (hay)	"s'e. n@
z	z	voiced alveolar fricative	запах (smell)	"za. pax
z'	zʲ	voiced alveolar fricative palatalized	корзи́на (basket)	kar. "z'i. na
S	ʃ	voiceless post-alveolar fricative	шар (ball)	"Sar
S':	ʃːʲ	long voiceless post-alveolar fricative palatalized	щука (pike)	"S': u. k@
Z	ʒ	voiced post-alveolar fricative	жир (fat)	"Z1r
x	x	voiceless velar fricative	хлеб (bread)	"xl'ep
x'	xʲ	voiceless velar fricative palatalized	хитрый (cunning)	"x'i. tr1j
Affricates				
ts	t͡s	voiceless alveolar affricate	цепь (chain)	"t_sep'
tS'	t͡Sʲ	voiceless post-alveolar affricate palatalized	чай (tea)	"t_S'aj
Approximants				
j	j	palatal approximant	июль (July)	i. "jul'
Lateral Approximant				
l	l	lateral approximant	луч (beam)	"lut_S'
l'	lʲ	lateral approximant palatalized	любовь (love)	l'u. "bof'
Vowels				
i	i	close front unrounded	мир (peace)	"m'ir
1	ɨ	close central unrounded	мышь (mouse)	"m1S
u	u	close back rounded	тулуп (overcoat)	tu. "lup
e	e	close-mid front unrounded	желе (jelly)	ZI. "l'e
o	o	close-mid back rounded	город (city)	"go. rat
a	a	open front unrounded	пара (pair)	"pa. ra

3.3.2 俄语音系表

俄语 SAMPA 音素集的音系分类如表 3-10 所示。

表 3-10 俄语音系表

Vowels	Front		Central		Back	
	unrounded	rounded	unrounded	rounded	unrounded	rounded
Close	i		1			u
Close-Mid	e					o
Open	a					

Consonant	Bilabial		Labio-dental		Alveolar		Post-alveolar		Palatal	Velar	
	'hard'	'soft'	'hard'	'soft'	'hard'	'soft'	'hard'	'soft'		'hard'	soft'
Stop	p b	p' b'			t d	t' d'				k g	k' g'
Nasal	m	m'			n	n'					
Trill					r	r'					
Fricative			f v	f' v'	s z	s' z'	S Z	S':		x	
Approximant									j		
Lateral Approximant					l	l'					
Affricates[1]					ts			tS'			

3.4 实验设计与结果分析

拼音字母书写系统的基本思想是通过正字[①]形式用对应单词的序列表示，如果是完全音韵形式的拼写字母，则存在字形和音素之间的一一对应关系。但是，大多数自然语言字母和声音之间的关联在一定程度上是不明确的，可能存在一对多或多对多的关系，这主要取决于上下文。大多数语言的正字法会随着时间的推移使字母和声音之

① http://support.lipikaar.com/difference-between-transcription-transliteration-translation/.

间的对应关系逐步削弱，特别是当外来词语保留其源语言的拼写形式时，已经不适合本地语言的拼写习惯。

字音转换[①][②]在语音识别及合成中起着关键作用，且在拼写校正、语音翻译等多个方面得到了广泛应用。字素到音素(Grapheme to Phoneme，G2P)的转换是一项复杂的任务，它以概率统计的方法为基础，兼顾语言学特征，使用期望最大化的区分性训练方法预测字形最有可能的发音。当目标语言过于复杂且无法用常规方式预测发音时，多采用数据驱动的方法，由已知的小词汇量的发音词典通过类比预测集外单词的发音，其中小词汇量的发音应该最大限度地覆盖典型单词的发音。

3.4.1 实验设计

字音转换的实验工作包括以下几个步骤：发音词典的准备、统计算法工具的准备和实验指标的制定。

1. 发音词典的准备

提取 train-clean-130 俄语发音词典，滤除其中的 proper name、abbreviation，仅保留 common word 和对应发音；将 90%的词形作为训练集 train. lex，另外 10%的词形作为测试集 test. lex。

2. 统计算法工具的准备

Phonetisaurus：基于数据驱动的原理，准确预测给定全拼文字所对应的发音，对于规则性较强的西班牙语或意大利语来说，预测的准确性依赖于发音的规则。但对于规则性不强的英语或俄语来说，则更具有挑战性。Phonetisaurus 是一种基于期望最大化驱动 G2P 的序列比对算法，在加权有限状态框架的支持下，依赖于 OpenFst 的精确预测能够提供快速的运算结果和准确的计算精度。

Sequitur：基于统计决策思想，利用统计联合序列模型的方法迭代计算单词所对应发音的概率，一般计算五六个迭代即可，与 Phonetisaurus 算法相比，其计算复杂度稍低，但准确率稍低。

3. 测试指标的制定

① 音素错误率：一般存在三类错误：插入错误(Insertion，I)、删除错误(Deletion，D)、替换错误(Substitution，S)。因此，音素错误率＝插入错误数(I)＋删除

---

① http://www.translit.cc/.

② http://www.cjk.org/cjk/trans/transsum.htm.

错误数(D)＋替换错误数(S)/音素总数。

② 词形错误率：词形错误率＝词形发音预测错误数÷总词形数。

3.4.2 结果分析

1. Open test

模型训练完成后，使用 test.lex 进行开集测试，转换测试结果如表 3-11 所示。

表 3-11 字音转换测试结果

测试集	G2P 方法	音素错误率	词形错误率
训练集	Phonetisaurus	0.89%	1.02%
	Sequitur	2.60%	7.92%
测试集	Phonetisaurus	4.09%	16.81%
	Sequitur	4.65%	20.13%

2. 训练规模与错误率的关系

如图 3-15 和图 3-16 所示，随着训练规模的逐渐增大，错误率逐渐减小。在相同训练规模的情况下，Phonetisaurus 的音素错误率要比 Sequitur 的音素错误率低。两种算法在训练规模达到 80000 左右时趋于平稳。

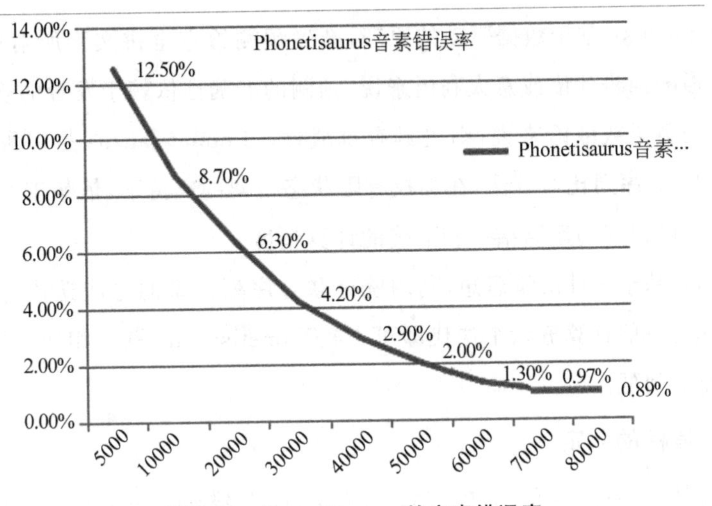

图 3-15 Phonetisaurus 的音素错误率

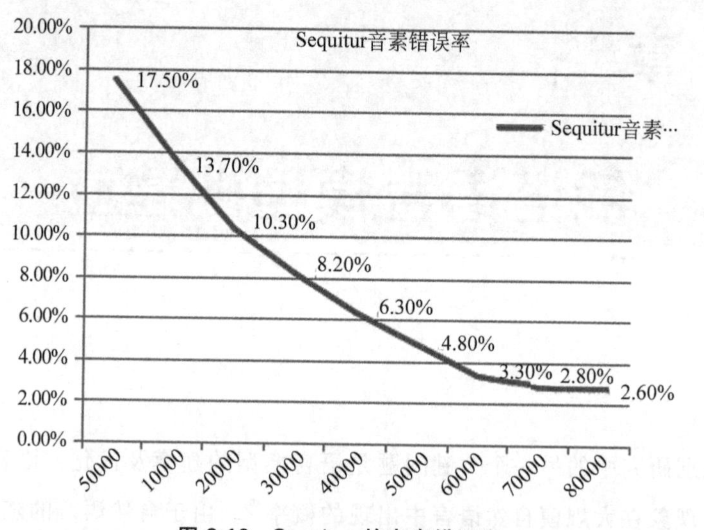

图 3-16　Sequitur 的音素错误率

本章小结

本章首先分析了当前连续语音识别研究中声学模型的常用建模方法，即基于 HMM-GMM 的方法和基于 HMM-DNN 的方法。两种方法均是在基于统一 HMM 框架的基础上进行 GMM 和 DNN 的训练。前一种方法的训练时长相对较短，效率相对稍低，后一种方法虽然需要较长的训练时间，但得到的声学模型质量较高，本书在第 5 章的声学模型训练过程中采用的就是后一种方法的优化方案。

其次，从俄语语音学角度对俄语的音素发音进行了详细描述，对俄语语音的发音特征、俄语元音音素的随位变化、俄语辅音的随位变化进行了分析研究。根据俄语语音学的特征，结合计算机处理的便捷性，设计改进了基于 SAMPA 的俄语音素集。

最后，基于数据驱动的原理，采用 Phonetisaurus 和 Sequitur 算法对大词汇量俄语词形进行了发音预测，并通过实验对比验证了音素集设计的有效性。为下一步进行声学模型的训练提供了良好的基础条件。

第4章 俄语语言模型的建立

语音识别研究中的另一个关键问题是语言模型的建模及优化。语言模型描述的是某一语言现象在大规模自然语言中出现的概率[①]。由于自然语言的随机性特征，能够采集到的自然语言的规模有限，可能会造成某种语言现象的出现概率为零的情况，为了避免这种情况的发生，拟采用 Katz、KN 等算法对语言模型进行平滑处理。随着文本语料规模的增加，训练语言模型所需要的计算机内存也不断增加，当 N-gram 模型中的 N 值增大到 4 或更高时，需要的计算量将成倍增长，对内存的需求也快速增长，因此需要采用 CCP、REP 等算法对语言模型进行剪枝处理，以达到内存容量的要求，同时也能够提高解码的搜索效率。本章将介绍几种常用的平滑算法和剪枝算法，结合俄语自身的特点，基于 SRILM 训练俄语语言模型，对其中的剪枝算法进行优化处理，生成四元语言模型，经过剪枝优化后最终生成规模更小的优化后的语言模型。

4.1 文本语料的准备与清洗

语言模型的训练需要大量的文本语料，而传统的文本语料的获取方式不能满足训练需要。随着互联网技术的发展，新闻语料的出现解决了这一基本问题，而且互联网上的新闻语料具有实时性和现实性等特点，越来越受到自然语言处理者的青睐，因此本书以互联网新闻语料为采集对象建立俄语语言模型。

文本语料的采集与处理流程如图 4-1 所示。

文本语料的获取来源是通过编写爬虫程序实现的，绝大部分来源于新闻语料，分为通用领域和特定领域。

---

① https://en.wikipedia.org/wiki/Language_model.

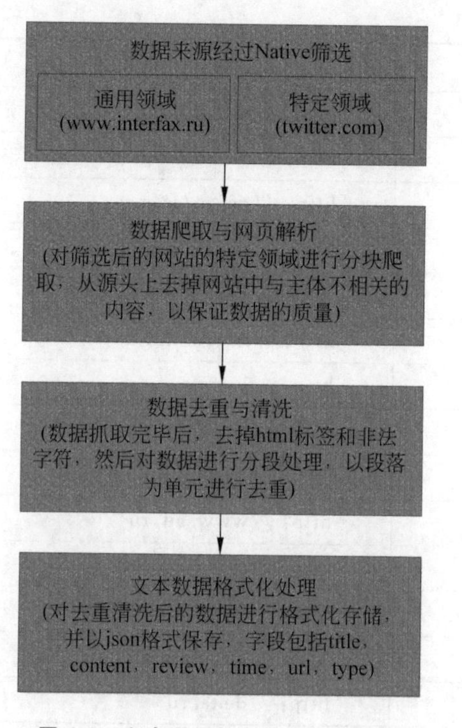

图 4-1　文本语料的采集与处理流程

4.1.1　数据来源的筛选

所有数据源都经过 Native 一一筛选，分为以下不同的领域。

通用领域：指互联网上除特定领域文本以外其他类型的俄语文本，主要指门户网站、新闻网站、政府网站等。采集的语料涵盖政治、经济、社会、文化、宗教、体育、格式文档、目录等新闻语料，大约占总语料的 90%。采集网站如表 4-1 所示。

表 4-1　俄语文本语料的采集网站

序号	简　称	网　址	主题领域
1	interfax	http：//www. interfax. ru	经济
2	izvestia	http：//izvestia. ru	文化
3	kp	http：//www. kp. ru	时事
4	ria	http：//ria. ru/culture	文化
5	ria	http：//ria. ru/economy	经济
6	ria	http：//ria. ru/incidents	时事
7	ria	http：//ria. ru/politics	政治

续表

序号	简　称	网　址	主题领域
8	ria	http://ria.ru/radio	广播
9	ria	http://ria.ru/religion	宗教
10	ria	http://ria.ru/science	科学
11	ria	http://ria.ru/society	社会
12	ria	http://ria.ru/sport	体育
13	ria	http://ria.ru/world	全球
14	1prime	http://1prime.ru	经济、文化
15	7info	http://7info.ru	时事
16	1000inf	http://1000inf.ru	时事
17	aif	http://www.aif.ru	社会、经济
18	argumenti	http://argumenti.ru	政治、文化
19	club-rf	http://www.club-rf.ru	时事
20	debri-dv	http://debri-dv.com	论文
21	deita	http://deita.ru	时事
22	dni	http://m.dni.ru	时事
23	echochel	http://echochel.ru	时事
24	evrazia	http://evrazia.org	时事
25	fedpress	http://world.fedpress.ru	时事
26	fontanka	http://www.fontanka.ru	时事
27	forbes	http://www.forbes.ru	军事、经济
28	gazeta	http://www.gazeta.ru	经济、体育
29	govoritmoskva	http://govoritmoskva.ru	时事
30	i38	http://i38.ru	社会、经济
31	inopressa	http://www.inopressa.ru	论文
32	investcafe	http://investcafe.ru	博客
33	irk	http://www.irk.ru	时事
34	itogi	http://www.itogi.ru	文档
35	kommersant	http://www.kommersant.ru	时事
36	krivoe-zerkalo	http://krivoe-zerkalo.ru	目录文档

特定领域：主要是指消息类(如 Twitter)等的俄语文本，占比约 10%，主要来源于 https://twitter.com 网站。

4.1.2　数据爬取

对筛选后的网站的特定领域进行分块爬取，从源头上去掉与主题不相关的内容，以保证采集数据的质量。

网络爬虫的基本工作原理如下。

① 下载模块。主要完成对指定网页的下载，首先从初始 URL 队列的首部提取一个有效 URL，并向该 URL 绑定的网站（如 http://ria.ru/economy）服务器发送一个请求，等待该网站服务器的响应，如果连接成功则接收对应文档，接收之后将该文档交给下一步的页面解析工具进行解析。

② 页面解析工具。从文档中提取网页文档中的 URL 地址，并把 URL 地址存入 URL 数据库，并将网页文档存入 Web 数据库。

③ URL 队列。根据预定的策略和相关算法，从 URL 数据库中依次取出若干 URL 地址，根据设定好的优先级顺序将这些 URL 地址存入队列供下载模块提取。

④ Web 数据库。用来存储从下载队列指定地址下载的网页文档。

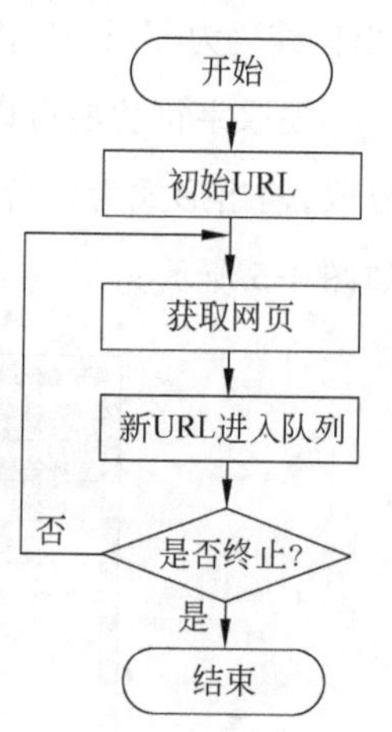

图 4-2　网络爬虫的工作流程

以上工作流程如图 4-2 所示。

4.1.3　数据的去重与清洗

数据在抓取完毕后要去掉 html 标签和非法字符，然后对数据进行分段处理，以段落为单元进行去重。根据文本语料采集过程及语言模型训练的需要，下面介绍一款面向俄语文本处理的语料清洗工具——CorpusTool。

语料清洗工具 CorpusTool 的主要功能有语料清洗、字符提取、编码转换和句子分类，主要用于对指定格式的 json 文件和 txt 文件进行语料清洗工作，也可以进行批量文本编码转换和句子分类等。其中，句子分类可按长度批量进行分类。文本编码转换只支持文件带有 BOM 头，无 BOM 头的文件会被当作 ASCII 编码处理。当对后缀为 json 的文件进行处理时，默认会进行段落的清洗，json 文件需为 UTF-8 编码；当对后缀为 txt 的文件进行处理时，默认会进行分句并清洗，txt 内容的格式不限，编码需为 UTF-16。

CorpusTool 的主界面如图 4-3 所示。

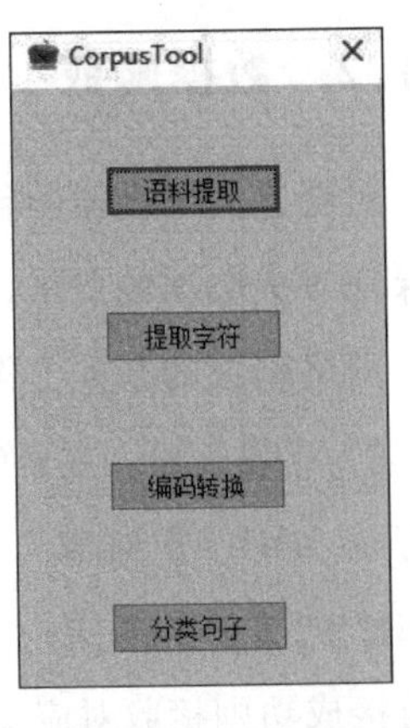

图 4-3 CorpusTool 的主界面

语料提取功能可以实现对 json 格式的文件进行清洗和提取,包括段落数据清洗和普通文本格式数据的句子提取。支持按段清洗功能(源文件数据需全部为以 json 为后缀的文件,编码为 UTF-8,字段包括 title、content、review、url、time、type)和按句清洗功能(源文件数据需全部为以 txt 为后缀的文件,编码为 UTF-16,内容格式不限),如图 4-4 所示。

提取字符功能可以实现对所有数据源中的字符进行提取,输出形式为一行一个。源文件需为 UTF-16 编码,如图 4-5 所示。

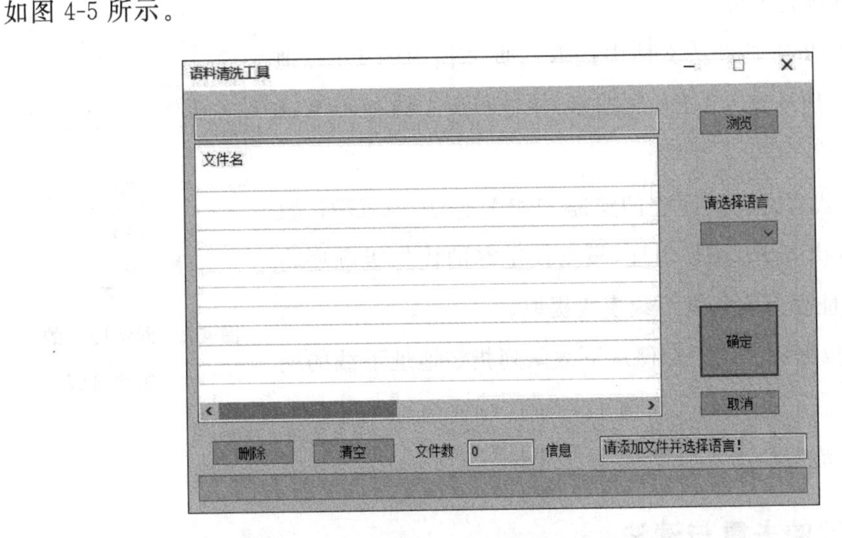

图 4-4 语料清洗工具

图 4-5 提取字符

编码转换功能可将文本数据在 UTF-8、ASCII、Unicode、Unicode-big 几种格式中互转，文本编码需带有 BOM 头，如图 4-6 所示。

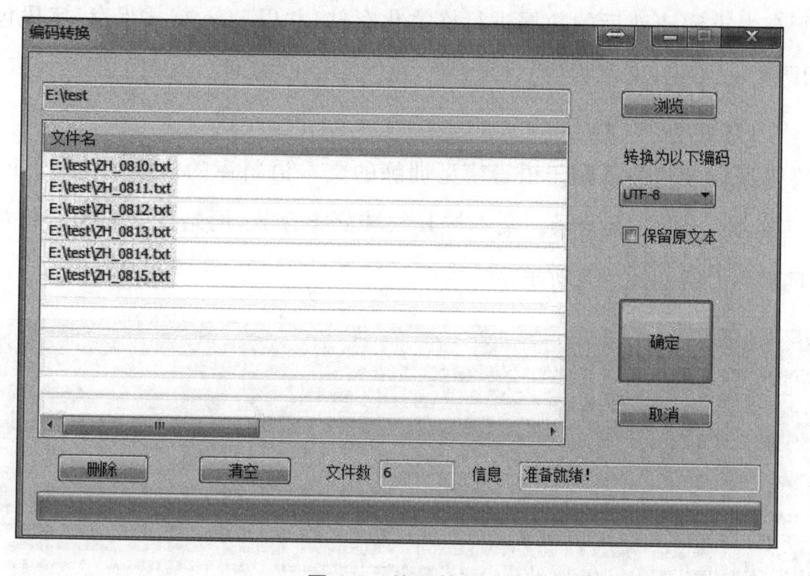

图 4-6　编码转换

句子分类功能针对“句子提取”的结果进行处理，如果要对其他句子进行处理，则需要指定数据语言，指定句子长度，每行遵循“句子内容\t 句子来源\r\n”的格式，其中句子来源可以为空，文本为 Unicode 编码，如图 4-7 所示。

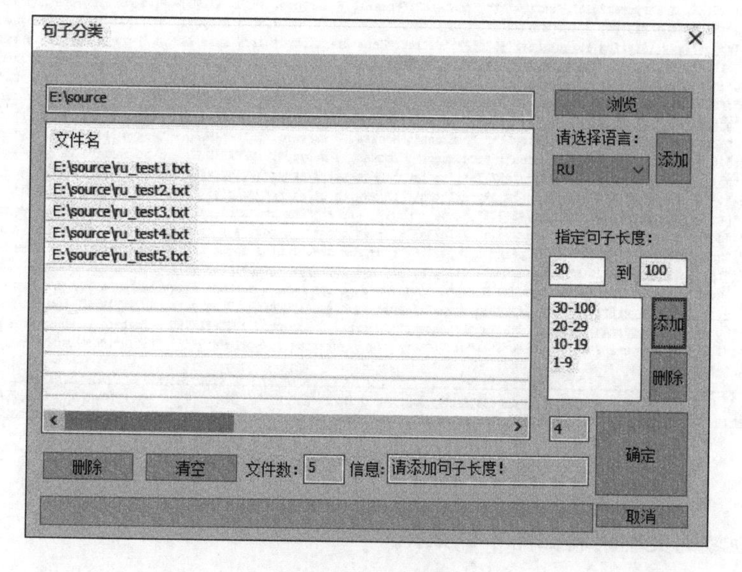

图 4-7　句子分类

4.1.4 格式化处理

对所有去重和清洗后的数据进行格式化存储，并以 json 格式保存，字段包括 title（文章标题）、content（文章内容）、review（评论）、time（时间）、url（网址）、type（类型，包括 news、forum、msg）。其中，content、url、type 为非空字段。

最终得到标准化的可用于语言模型训练的文本语料库的规模约为 10GB，保存格式为 json 文本、一行一条记录。文本按其领域分类存放，网站按照语料结构存储。通用领域的文本语料如图 4-8 所示。

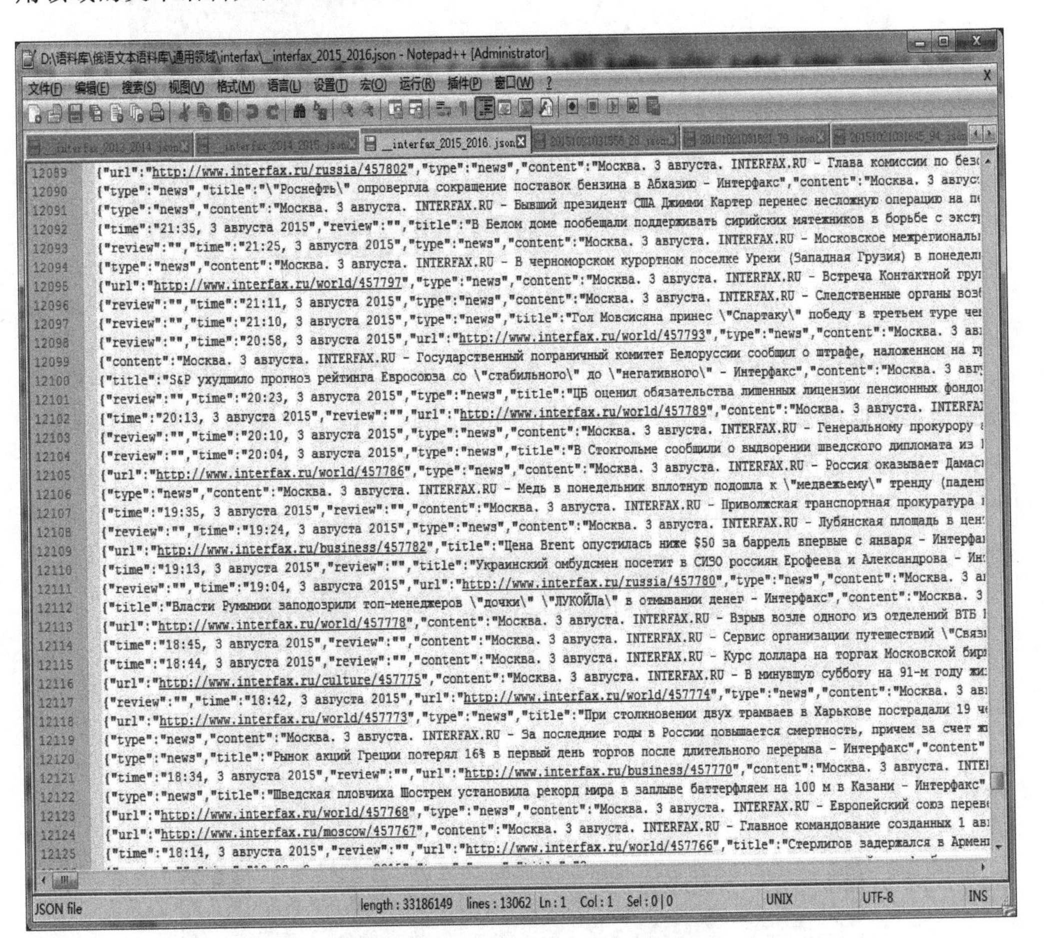

图 4-8 通用领域的文本语料截图

特定领域的文本语料如图 4-9 所示。

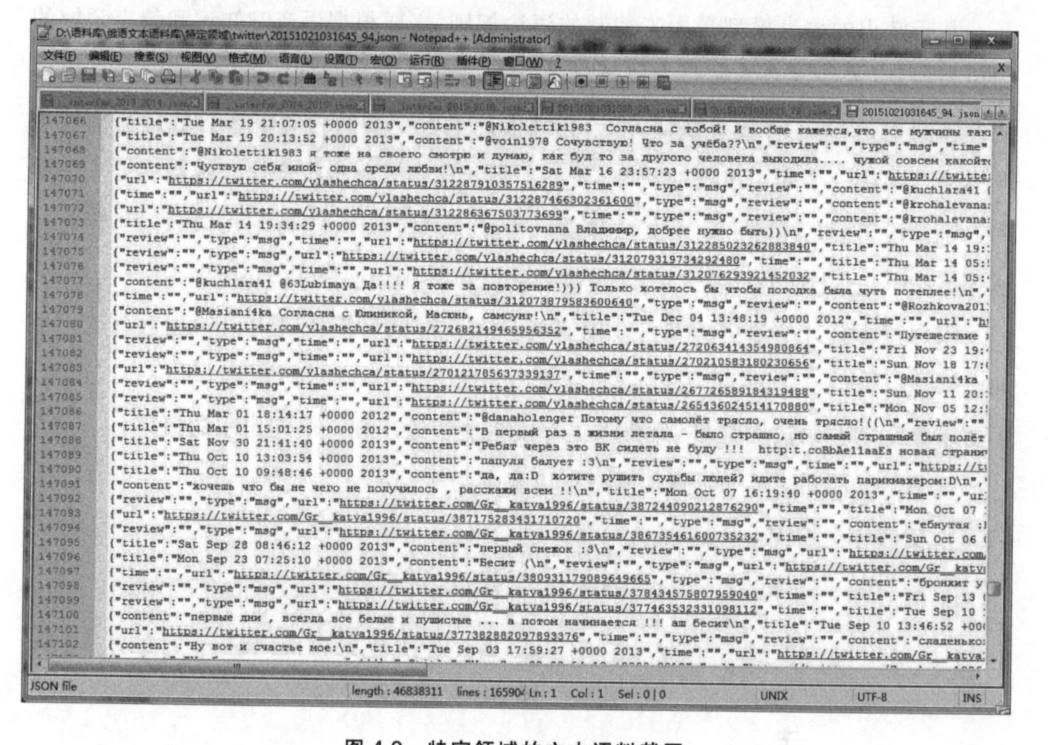

图 4-9　特定领域的文本语料截图

4.2　语言模型简述

语言模型(Language Model,LM)旨在通过数学模型揭示自然语言的内在规律。语言建模是计算语言学应用研究的主要任务之一,语言模型广泛应用于语音识别、机器翻译、手写体文字识别、信息检索等实用系统的研制。

一般情况下,语言模型可分为两类：基于统计的语言模型和基于语言知识的语言模型(即传统的文法型语言模型),语言模型的分类如图 4-10 所示。

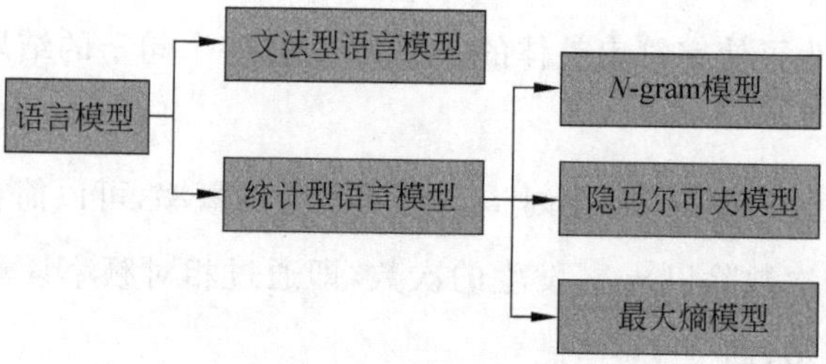

语言模型
文法型语言模型
统计型语言模型
N-gram模型
隐马尔可夫模型
最大熵模型

图 4-10　语言模型的分类

基于知识的语言模型是人工编制的语法规则，主要根据语言学知识和特定领域的知识而编制，其缺点是不能对大规模真实文本进行处理。因此，基于统计的语言模型便应运而生，它是一种概率模型，由计算机借助语言模型的相关概率参数进而估计出自然语言中每一个句子出现的概率，而不是判断该句子是否符合语法规则的方法。常用的统计语言模型包括 N 元文法模型（N-gram Model）、隐马尔可夫模型（Hidden Markov Model，HMM）、最大熵模型（Maximum Entropy Model，MEM）。

采用基于统计的语言模型可以以概率分布的形式对任何输入语句进行描述。例如：p(他/认真/学习)＝0.02，p(他/认真/读书)＝0.03，p(他/认真/坏)＝0。这里，不要求该语句在语法上合格，只要求语言模型能够给出任一语句出现的概率。

设 $W=w_1,w_2,\cdots,w_Q$，则其概率可以表示为

$$
\begin{aligned}
P(W) &= P(W = w_1,w_2,\cdots,w_Q) \\
&= P(w_1)P(w_2 \mid w_1)P(w_3 \mid w_1 w_2)\cdots P(w_Q \mid w_1,w_2,\cdots,w_{Q-1}) \\
&= \prod_{i-1}^{Q} P(w_i \mid w_1,w_2,\cdots,w_{i-1}) \\
&= \prod_{i-1}^{Q} P(w_i \mid w_1^{i-1})
\end{aligned}
\tag{4-1}
$$

准确估计出所有词汇在全部序列串长度下的条件概率是无法做到的，因此出现了几种常见的简化模型。

式(4-1)中的条件概率的假设只考虑了前 $N-1$ 个词，即 N 元模型：

$$
P_N(W) = \prod_{i-1}^{Q} P(w_i \mid w_{i-N+1},\cdots,w_{i-2}w_{i-1}) \tag{4-2}
$$

事实上，一般的 N 元文法比较难估计，系统通常采用二元文法 $P(w_i|w_{i-1})$ 和三元文法 $P(w_i|w_{i-2}w_{i-1})$。

在二元文法中，假设词 w_i 的概率仅仅取决于其前面相邻的词。为了使 $P(w_i|w_{i-1})$ 在 $i=1$ 时有意义，一般会在整个句子的前面加上一个特殊标识<s>，这样可以假设 w_o=<s>。为了使字符串整体的概率为 1，在整个句子的结尾也需要加上特殊标识</s>。

计算 $P(w_i|w_{i-1})$，即词 w_i 在词 w_{i-1} 之后发生的概率，可以简化为计算 $(w_{i-1}w_i)$ 在语料库中发生的次数除以 w_{i-1} 发生的次数，即通过相对频率计算得到。扩充到 N 元文法统计语言模型，即

$$
\hat{P}(w_i \mid w_{i-N+1}w_{i-N+2}\cdots w_{i-1}) = \frac{c(w_{i-N+1}w_{i-N+2}\cdots w_i)}{c(w_{i-N+1}w_{i-N+2}\cdots w_{i-1})} \tag{4-3}
$$

式(4-3)中，$c(W)$指词串 W 在训练数据中出现的次数。

应当指出，即使在 N 比较小的情况下，要统计的条件概率也是非常庞大的，因此常常会出现 $c(W)=0$ 或接近于零的情况，由此得出的结果不是可靠的，一般需要采用平滑技术解决训练数据稀疏的问题。

4.2.1　语言模型的平滑技术

平滑技术与基于统计的语言模型应用密切相关，是为处理语言模型的训练数据稀疏问题而发展起来的，其思想是将语言模型中可见事件的概率值进行一定比例的折扣(discounting)，将折扣的值重新分给不可见事件，这样就保证了语言模型中概率的非零化，能够使参数分布趋于均匀。因此，平滑方法是由采用的概率折扣策略和折扣值的分布方法决定的。

1. Good-Turing 方法

Good-Turing 方法用于估计 N 元文法中出现 r 次的事件，假设它的出现次数为 r^*，即

$$r^* = (r+1)\frac{n_{r+1}}{n_r} \tag{4-4}$$

式(4-4)中，n_r 是 N 元文法训练集中实际出现 r 次的事件的个数；N 元文法中出现次数为 r 次的事件的条件概率为

$$p_{GT}(a) = \frac{r^*}{N} \tag{4-5}$$

式(4-5)中，N 为 N 元文法中所有 N 元对的总称。由于 Good-Turing 方法不包含低阶模型对于高阶模型的插值，因此通常不能单独作为一个平滑算法，而是作为一个其他平滑算法的计算工具。

2. Katz 平滑算法

Katz 平滑算法是指当一个 N 元对出现时的次数 $P(w_i \mid w_{i-N+2}^{i-1})$足够大时，通过最大似然得到的 $P_{ML}(w_{i-N+1}^{i})$是可靠的概率估计。因此当 $c(w_{i-N+1}^{i})$不足够大时，采用 Good-Turing 方法对其进行折扣，并将折扣的值赋给没有出现的 N 元对，且补偿的值与其低阶模型相关联。当 $c(w_{i-N+1}^{i})=0$ 时，按低阶模型 $P(w_i \mid w_{i-N+2}^{i-1})$的比例分配给没有出现的 N 元对的概率。

如果词条序列出现了 r 次，则平滑后的次数为 $d_r r$(d_r 为小于等于 1 的参数)。如果词条序列没有出现，则分配给这个词条序列一个与此词条序列的低阶模型相关联的

值，具体折扣以后的次数为

$$c_{\mathrm{Katz}}(w_{i-N+1}^{i}) = \begin{cases} d_r c(w_{i-N+1}^{i}) & c(w_{i-N+1}^{i}) > 0 \\ a(w_{i-N+2}^{i}) c_{\mathrm{Katz}}(w_{i-N+2}^{i}) & c(w_{i-N+1}^{i}) = 0 \end{cases} \tag{4-6}$$

经 Katz 平滑后的概率值为

$$P_{\mathrm{katz}}(w_i \mid w_{i-N+1}^{i-1}) = \begin{cases} d_r P(w_i \mid w_{i-N+1}^{i}) & c(w_{i-N+1}^{i}) > 0 \\ a(w_{i-N+1}^{i}) P_{\mathrm{katz}}(w_i \mid w_{i-N+2}^{i}) & c(w_{i-N+1}^{i}) = 0 \end{cases} \tag{4-7}$$

式(4-7)中，$a(w_{i-N+1}^{i})$ 的取值应该使事件分布的总数 $\sum_{w_i} c_{\mathrm{Katz}}(w_{i-N+1}^{i})$ 保持不变，即

$$\sum_{w_i} c_{\mathrm{Katz}}(w_{i-N+1}^{i}) = \sum_{w_i} c(w_{i-N+1}^{i}) \tag{4-8}$$

其值为

$$a(w_{i-N+2}^{i}) = \frac{1 - \sum\limits_{w_i:\, c(w_{i-N+1}^{i})>0} P_{\mathrm{katz}}(w_i \mid w_{i-N+1}^{i-1})}{\sum\limits_{w_i:\, c(w_{i-N+1}^{i})>0} P_{\mathrm{katz}}(w_i \mid w_{i-N+2}^{i-1})} \tag{4-9}$$

在 d_r 的计算中，数目大的次数被认为是可靠的，因此不需要折扣，只需要对次数较小的进行折扣计算。实验证明，取参数 $k=5$ 是很好的一个选择，对于所有 $r>k$，折扣系数 $d_r=1$。对于 $r\leqslant k$ 的次数，折扣率可以从应用于全局的 N 元文法的 Good-Turing 估计中导出，即从所有出现非 0 次的 N 元文法中折扣出来的总次数，即赋给出现 0 次的所有 N 元文法的总次数为

$$\sum_{w_1^N:\, c(w_1^N)>0} (P(w_1^N) - P_{\mathrm{katz}}(w_1^N)) = \sum_{0<r\leqslant k} r_n(1-d_r)\frac{r}{N} = \frac{n_1}{N} \tag{4-10}$$

同时，要保证 d_r 得到的折扣与 Good-Turing 估计预测的折扣呈一定比例，如式(4-11)，其中 μ 为常数。

$$1 - d_r = \mu\left(1 - \frac{r^*}{r}\right) \tag{4-11}$$

结合式(4-10)和式(4-11)可获得唯一解：

$$d_r = \frac{\dfrac{r^*}{r} - \dfrac{(k+1)n_{k+1}}{n_1}}{1 - \dfrac{(k+1)n_{k+1}}{n_1}} = \frac{\dfrac{(r+1)n_{r+1}}{rn_r} - \dfrac{(k+1)n_{k+1}}{n_1}}{1 - \dfrac{(k+1)n_{k+1}}{n_1}} \tag{4-12}$$

通过式(4-12)可计算出每个次数 r 平滑后的值，回退式数据平滑算法的参数相对比较少，可以直接确定，故无需迭代而反复训练，实现过程相对简单。

本书将采用 Katz 平滑技术处理俄语文本语料的稀疏问题。

3. Modified Kneser-Ney 平滑技术

首先，介绍标准 Kneser-Ney (KN)平滑技术。KN 中最重要的思想是用 N-gram 之前不同词的个数替代 N-gram 出现的次数，以作为概率估计的依据。比如，在一个语料库中，San Francisco 经常出现，而 Francisco 只出现在 San 之后，现在要估计一元 p(Francisco)概率，如果使用出现次数，那么它的概率会相对较大，而如果使用之前不同词的个数，那么 Francisco 只会被记为 1 次，它的概率就会比较小。从直观上来说，Francisco 这样一个词得到一个较低的一元概率是比较合理的。实现时，输入原始 N-gram 的出现次数，输出 N-gram 之前不同词的个数，称为 KN-count；例外情况是最高阶和以 BOS 起始的 N-gram，因为无法取得之前词的信息，这些 N-gram 只能用出现次数估计概率。使用 KN(包括 Modified KN)平滑技术进行计算时，$c()$表示 KN-count，不再考虑原始出现次数。

标准 KN 平滑中的概率为

$$p_{\mathrm{KN}}(w \mid h)=\begin{cases}\dfrac{\max\{c(h,w)-D,0\}}{\sum_{w} c(h,w)}+\gamma(h)\cdot p_{\mathrm{KN}}(w \mid h'), & \\ \text{Interpolated\_Model} & ,0<D\leqslant 1\\ \dfrac{\max\{c(h,w)-D,0\}}{\sum_{w} c(h,w)},\text{Backoff\_Model} & \end{cases}$$

$$\gamma(h)=\frac{D\cdot N_{1+}(h\,\bullet)}{\sum_{w} c(h,w)}$$

$$N_{1+}(h\,\bullet)=|\{w: c(h,w)>=1\}| \tag{4-13}$$

D 就如同 AD 平滑中的 Discount 因子一样，用来将出现的 N-gram 概率平滑到未出现的 N-gram 上。事实上，可以将 KN 看作为 $c()$函数不同的 Absolute Discounting Smoothing (ADS)，KN 与 ADS 的不同仅仅在于 ADS 使用原始出现次数作为 $c()$函数，而 KN 使用之前不同词的个数。

在式(4-13)中，KN 有两种概率计算方法：Interpolated 和 Backoff。在 Interpolated 模型中，$\gamma(h)$的选取应与被折扣的概率一致，也就是将从高阶折扣的概率分配到低阶上，并保证 $\sum_{w} p_{\mathrm{KN}}(w \mid h)=1$。对于一阶 N-gram，与零阶的均匀分布 $p_{\mathrm{KN}}()=\dfrac{1}{N_{1+}(\bullet)}$ 做插值。

Mod KN 比标准 KN 更平滑，对于不同 $c()$的 N-gram，采用不同 Discount 因子 D，比起用统一的 Discount 因子能更精细地平滑 N-gram，一般实验中，ModKN 比标准 KN 效果更好：

$$p_{\text{ModKN}}(w \mid h)=\begin{cases}\dfrac{c(h,w)-D(c(h,w))}{\sum_w c(h,w)}+\gamma(h)\cdot p_{\text{ModKN}}(w \mid h'),\\ \text{Interpolated\_Model}\\ \dfrac{c(h,w)-D(c(h,w))}{\sum_w c(h,w)},\text{Backoff\_Model}\end{cases}$$

$$D(c)=\begin{cases}0,c=0\\ D_1,c=1\\ D_2,c=2\\ D_{3+},c>=3\end{cases} \tag{4-14}$$

$$\gamma(h)=\frac{D_1\cdot N_1(h\,\bullet)+D_2\cdot N_2(h\,\bullet)+D_{3+}\cdot N_{3+}(h\,\bullet)}{\sum_w c(h,w)}$$

$$N_1(h\,\bullet)=|\{w:c(h,w)=1\}|$$

$$N_2(h\,\bullet)=|\{w:c(h,w)=2\}|$$

$$N_3(h\,\bullet)=|\{w:c(h,w)>=3\}|$$

如同 Katz 中一样，$D(c)$也可以用 n_r 估计，参考 SRILM 的实现，同样对不同阶的 N-gram 采用不同的 $D(c)$，推荐的 Discount 因子如下。

$$\begin{aligned}Y&=\frac{n_1}{n_1+2n_2}\\ D_1&=1-2Y\frac{n_2}{n_1}\\ D_2&=2-3Y\frac{n_3}{n_2}\\ D_{3+}&=3-4Y\frac{n_4}{n_3}\end{aligned} \tag{4-15}$$

4. BOW 算法

N-gram 语言模型一般有 Backoff Model 和 Interpolated Model 两种形式，如：

$$\text{Backoff: } p(w \mid h)=\begin{cases}f(w \mid h),ngram(h,w)\in LM\\ bow(h)p(w \mid h'),\text{otherwise}\end{cases} \tag{4-16}$$

$$\text{Interpolated: } p(w \mid h)=g(w \mid h)+bow(h)p(w \mid h')$$

Interpolated Model 也可以写成如下形式：

$$\text{Interpolated: } p(w \mid h) = \begin{cases} f'(w \mid h) = g(w \mid h) + bow(h)p(w \mid h'), \\ \quad ngram(h,w) \in LM \\ bow(h)p(w \mid h'), \text{otherwise} \end{cases} \tag{4-17}$$

因此 Interpolated Model 也可以写成 Backoff Model，这样语言模型的形式就可以统一为 Backoff Model 了。

在 Backoff Model 下，先根据各种平滑算法计算出给定 h 下所有 N-gram 的概率 $f(w \mid h)$，然后为了保证 $\sum_w p(w \mid h) = 1$，计算 $bow(h)$。设 $Z1(h) = \{w \mid ngram(h,w) \in LM\}$ 为语言模型中的给定 h 下所有存在的 N-gram，$Z0(h) = \{w \mid ngram(h,w) \notin LM\}$ 为给定 h 下不存在的 N-gram，则有 $\sum_w p(w \mid h) = 1$，可以拆分为如下形式：

$$\sum_w p(w \mid h) = \sum_{Z1} f(w \mid h) + \sum_{Z0} bow(h) f(w \mid h') = 1 \tag{4-18}$$

因此，$bow(h)$ 的计算方法为

$$bow(h) = \frac{1 - \sum_{Z1} f(w \mid h)}{\sum_{Z0} f(w \mid h')} = \frac{1 - \sum_{Z1} f(w \mid h)}{1 - \sum_{Z1} f(w \mid h')} = \frac{\sum_{Z0} f(w \mid h)}{\sum_{Z0} f(w \mid h')} \tag{4-19}$$

可以看出，如果 $ngram(h,w)$ 存在，必须计算 $bow(h)$ 以保证 $\sum_w p(w \mid h) = 1$。也就是说，如果语言模型中 $ngram(h,w)$ 存在，那么 N-gram 去掉最后一个词的 $ngram(h)$ 必须存在。

4.2.2 语言模型的剪枝算法

在大规模语料训练下，语言模型规模会迅速增长，尤其对需要使用高阶 N-gram 语言模型的应用而言，模型会达到上百 GB，对计算资源及时间的消耗太大。剪枝算法的目的就是在尽可能维持语言模型效果的前提下减小语言模型的体积。剪枝的结果就是从语言模型中删除一些 N-gram，当需要这些 N-gram 的概率时，用 Backoff 算法得到。剪枝算法主要有 Count Cutoff、Relative Entropy、Weighted Difference。

1. 次数截断剪枝

次数截断剪枝(Count Cutoff Pruning，CCP)使用得最为广泛，它也是最简单有效的剪枝算法。对各阶 N-gram 都设定一个次数阈值，低于该阈值的 N-gram 就会被截断，不会进入语言模型中。从实现上来说，次数剪枝可以直接在平滑算法中实现，因为只有在平滑算法的第一步才能得到 N-gram 次数信息，平滑完成后，次数信息一般不再保留在语言模型中，只保留 $prob$ 和 bow，即

$$LM_{\mathrm{CCP}} = \{ngram(h,w): c(h,w) >= cutoff\} \tag{4-20}$$

注意：在 Mod KN 平滑算法中，$c(\ )$指 KN-count，不再是指原始出现次数。

2. 相对熵剪枝

相对熵剪枝(Relative Entropy Pruning，REP)是指在裁减掉一些 N-gram 后，新的 LM 和原 LM 的 Kullback-Leibler 距离，即

$$D(P \mid\mid P') = -\sum_{w,h} p(w,h)[\lg p'(w \mid h) - \lg p(w \mid h)] \tag{4-21}$$

其中，$p(w|h)$指原语言模型的条件概率，$p'(w|h)$指新语言模型的条件概率，$p(\bullet)=p(h_1)p(h_2|h_1)\cdots$指原语言模型下的短语概率。

相对熵的变化值不太直观，选取阈值时也没有直观依据，如果能将相对熵的变化与 perplexity 的相对变化量联系起来，那么阈值 θ 的选取将更加直观，即

$$\begin{aligned} PP &= \mathrm{e}^{-\sum_{w,h} p(w,h)\lg p(w|h)} \\ PP' &= \mathrm{e}^{-\sum_{w,h} p(w,h)\lg p'(w|h)} \\ \delta_{\mathrm{perplexity}} &= \frac{PP'-PP}{PP} = \mathrm{e}^{D(P||P')} - 1 > \theta \end{aligned} \tag{4-22}$$

最理想的剪枝方式是选取一个使 $\delta_{\mathrm{perplexity}}$最小的 N-gram 集合，但是计算所有子集的代价太大。相对熵剪枝的假设前提是每一个 N-gram 产生的影响都是相对独立的，只需要计算去掉每个 N-gram 后的 $\delta_{\mathrm{perplexity}}$，将小于阈值的 N-gram 全部剪枝掉即可。去掉某个 $ngram(h,w)$后，将影响以下两种概率：

① 该 N-gram 本身的条件概率变为一个 Backoff 估计值，$p'(w|h)=\alpha'(h)p(w|h')$；

② $bow(h)$由 $\alpha(h)$变为 $\alpha'(h)$，原语言模型中的给定 h 下不存在的 N-gram $Z0(h)$，$p(w|h)$都会受到影响。

这样去掉某个 $ngram(h,w)$后，相对熵的变化为

$$\begin{aligned} D(P \mid\mid P') &= -\sum_{w} p(w,h)[\log p'(w \mid h) - \log p(w \mid h)] \\ &= \left\{\begin{array}{l} -p(w,h)[\log p'(w \mid h) - \log p(w \mid h)] \\ -\sum_{Z0(h)} p(w,h)[\log p'(w \mid h) - \log p(w \mid h)] \end{array}\right\} \\ &= -p(h)\left\{\begin{array}{l} p(w \mid h)[\log p'(w \mid h) - \log p(w \mid h)] \\ +\sum_{Z0(h)} p(w \mid h)[\log p'(w \mid h) - \log p(w \mid h)] \end{array}\right\} \end{aligned}$$

$$
=-p(h)\left\{\begin{array}{l}p(w \mid h)[\log p(w \mid h')+\log \alpha'(h)-\log p(w \mid h)] \\ +\sum\limits_{Z0(h)} p(w \mid h)[\log p(w \mid h')+\log \alpha'(h)-\log p(w \mid h') \\ -\log \alpha(h)]\end{array}\right\}
$$

$$
=-p(h)\left\{\begin{array}{l}p(w \mid h)[\log p(w \mid h')+\log \alpha'(h)-\log p(w \mid h)] \\ +[\log \alpha'(h)-\log \alpha(h)]\sum\limits_{Z0(h)} p(w \mid h)\end{array}\right\}
$$

$$
LM_{\mathrm{REP}}=\{ngram(h,w):\delta_{\mathrm{perplexity}}(h,w)>\theta\} \tag{4-23}
$$

其中，$p(h)=p(h_1)p(h_2|h_1)\cdots$，即短语 h 的概率，涉及所有低阶的 N-gram 概率，需要从一阶开始迭代计算到$(n-1)$阶，即

$$
\alpha(h)=\frac{\text{numerator}_\alpha}{\text{denominator}_\alpha}=\frac{\sum\limits_{Z0(h)} p(w \mid h)}{\sum\limits_{Z0(h)} p(w \mid h')} \tag{4-24}
$$

$$
\alpha'(h)=\frac{\text{numerator}_\alpha+p(w \mid h)}{\text{denominator}_\alpha+p(w \mid h')} \tag{4-25}
$$

$$
\sum_{bow(w_i,h)} p(w_i \mid h)=\text{numerator}_\alpha \tag{4-26}
$$

$p(w|h)$和 $p(w|h')$可以从原语言模型中取得。

在实现上，先迭代计算得到所有低于 n 阶的短语概率 $p(h)$，然后通过一次类似 $\alpha(h)$的计算（记录 numerator 和 denominator）得到。如果 $ngram(h',w)$被删除，则 $ngram(h,w)$以及更长的 h 都会被删除，需要从低阶到高阶迭代过滤（re_cut）；另一方面，如果 $ngram(h,w)$存在，则 $ngram(h)$始终不能删除，需要从高阶到低阶逐步剪枝。

3. 权重差剪枝

与相对熵剪枝相同，权重差剪枝（Weighted Difference Pruning，WDP）同样首先假设每一个 N-gram 对剪枝的影响是相对独立的，只是修改了计算某一个 N-gram 去掉后的影响，即

$$
WD(w,h)=c(w,h)[\log p(w \mid h)-\log p'(w \mid h)] \tag{4-27}
$$

由于 $c(w,h)$在平滑后的语言模型中已经不存在，如果使用该公式，就需要得到平滑前的出现次数，那么 Pruning 算法就会和 Smoothing 算法耦合，不利于剪枝算法的通用性。因此希望用一个值替代 $c(w,h)$。由于 $p(w,h)$基本正比于 $c(w,h)$，因此用 $p(w,h)$代替 $c(w,h)$，即

$$
\begin{aligned}
WD(w,h)&=p(w,h)[\log p(w \mid h)-\log p'(w \mid h)] \\
&=p(h)p(w \mid h)[\log p(w \mid h)-\log p(w \mid h')-\log \alpha'(h)]
\end{aligned} \tag{4-28}
$$

可以看到,这个值就是相对熵剪枝中的第一项,也就是说权重差剪枝只考虑 N-gram 剪枝对自身的影响,而不考虑由于 bow 的变化而对历史 h 下其他不存在的 N-gram $Z0(h)$ 的影响。

在实现上,由于计算的瓶颈主要在于短语概率 $p(h)$,其他概率都可以简单得到,因此计算复杂度不会比 REP 更小,计算过程相同,只是公式不同,因此 REP 和 WDP 可以合并为一个计算过程。

在 REP 和 WDP 两种剪枝保留的 N-gram 中,85.2%～88.3%的 N-gram 重合,测试集上的 perplexity 和 word error rate 也基本一致,两种方法的基本效果类似。因此,本书在语言模型剪枝和优化算法设计中将采用 REP 算法进行实验验证。

4.3 语言模型的训练流程

4.3.1 语言模型的训练实现

参照当前语言模型训练的主流技术,本书拟选择 SRILM 训练工具包进行语言模型训练。SRILM 是一个统计和分析语言模型的工具,提供一些命令行工具,如 ngram、ngram-count,可以很方便地统计 N-gram 的语言模型。

语言模型 SRILM 的基本用法如下。

1. 基本训练

有两种训练方法,分别如下。

```
1  ##功能
2  #读取分词后的text文件或者count文件，然后用来输出最后汇总的count文件或者语言模型
3  ##参数
4  #输入文本：
5  #  -read 读取count文件
6  #  -text 读取分词后的文本文件
7  #词典文件：
8  #  -vocab 限制text和count文件的单词，没有出现在词典的单词替换为<unk>；如果没有，所有的单词将会被自动加入词典
9  #  -limit-vocab 只限制count文件的单词（对text文件无效），没有出现在词典里面的count将会被丢弃
10 #  -write-vocab 输出词典
11 #语言模型：
12 #  -lm 输出语言模型
13 #  -write-binary-lm 输出二进制的语言模型
14 #  -sort 输出语言模型gram排序
```

```
1  #choice1: text->count->lm
2  #ngram-count -text $text -vocab ${vocab} -order 2 -sort -tolower -lm ${arpa}
3
4  #choice2: text->count count->lm
5  #ngram-count -text ${text} -order 2 -sort -tolower -write ${count}
```

2. 语言模型打分

```
1  ##功能
2  #用于评估语言模型的好坏，或者是计算特定句子的得分，用于语音识别的识别结果分析。
3  ##参数
4  #计算得分：
5  #  -order 模型阶数，默认使用3阶
6  #  -lm 使用的语言模型
7  #  -use-server S 启动语言模型服务，S的形式为port@hostname
8  #  -ppl 后跟需要打分的句子（一行一句，已经分词），ppl表示所有单词，ppl1表示除了</s>以外的单词
9  #     -debug 0 只输出整体情况
10 #     -debug 1 具体到句子
11 #     -debug 2 具体每个词的概率
12 #产生句子：
13 #  -gen 产生句子的个数
14 #  -seed 产生句子用到的random seed
15 ngram -lm ${lm} -order 2 -ppl ${file} -debug 1 > ${ppl}
```

3. 语言模型剪枝

```
1  ##功能
2  #用于减小语言模型的大小，剪枝原理参考(http://blog.csdn.net/xmdxcsj/article/details/50321613)
3  ##参数
4  #模型裁剪：
5  #  -prune threshold 删除一些ngram，满足删除以后模型的ppl增加值小于threshold，越大剪枝剪得越狠
6  #  -write-lm 新的语言模型
7  ngram -lm ${oldlm} -order 2 -prune ${thres} -write-lm ${newlm}
```

4. 语言模型合并

```
1  ##功能
2  #用于多个语言模型之间插值合并，以期望改善模型的效果
3  ##参数
4  #模型插值：
5  #  -mix-lm 用于插值的第二个ngram模型，-lm是第一个ngram模型
6  #  -lambda 主模型（-lm对应模型）的插值比例，0~1，默认是0.5
7  #  -mix-lm2 用于插值的第三个模型
8  #  -mix-lambda2 用于插值的第二个模型（-mix-lm对应的模型）的比例，那么第二个模型的比例为1-lambda-mix-lambda2
9  #  -vocab 当两个模型的词典不一样的时候，使用该参数限制词典列表，没有效果
10 #  -limit-vocab 当两个模型的词典不一样的时候，使用该参数限制词典列表，没有效果
11 ngram -lm ${mainlm} -order 2 -mix-lm ${mixlm} -lambda 0.8 -write-lm ${mergelm}
```

在合并语言模型之前，可以使用脚本计算出最好的比例，可以参考 SRILM 的 compute-best-mix 脚本。

5. 语言模型使用词典限制

```
1  ##功能
2  #对已有的语言模型，使用新的字典进行约束，产生新的语言模型
3  #1.n-grams的概率保持不变
4  #2.回退概率重新计算
5  #3.增加新的一元回退概率
6  ##参数
7  #模型裁剪：
8  #  -vocab 词典单词的列表，不包括发音
9  #  -write-lm 新的语言模型
10 change-lm-vocab -vocab ${vocab} -lm ${oldlm} -write-lm ${newlm} -order 2
```

4.3.2　词典的选择

语言模型的识别准确率、规模、鲁棒性等性能指标都与使用的词典有关，不同的识别应用场景需要使用不同的词典。通常大规模连续语音识别中词典的规模比较大，应尽量覆盖到基本的常用词。但是词典规模过大，同样的语料训练出的模型规模将呈几

何级增长，如果识别应用场景是特定语境下的，那么过大的词典规模反而会使准确率下降。

对于一个识别引擎及其应用场景来说，词典的规模没有一个技术参数可以预测，大多通过经验和实验对比进行最优化选取。

语音识别中的词典要求尽可能覆盖常用词，尤其是俄语单词和英语单词的结构类似，词典中没有覆盖到的词在最终识别时肯定不会识别出这类词，也就是说集外词的识别准确率为零。所以通常来说，当语料规模足够大时，词典规模也要尽量大。但是当词典规模特别大时，如果有大量的词作为识别的候选，则会产生严重的干扰，使得最终的准确率降低。因此，词典规模大小的设计需要考虑以下几个问题：训练语料规模、该语言的常用词规模、语音识别的应用场景等。俄语词典如图 4-11 所示。

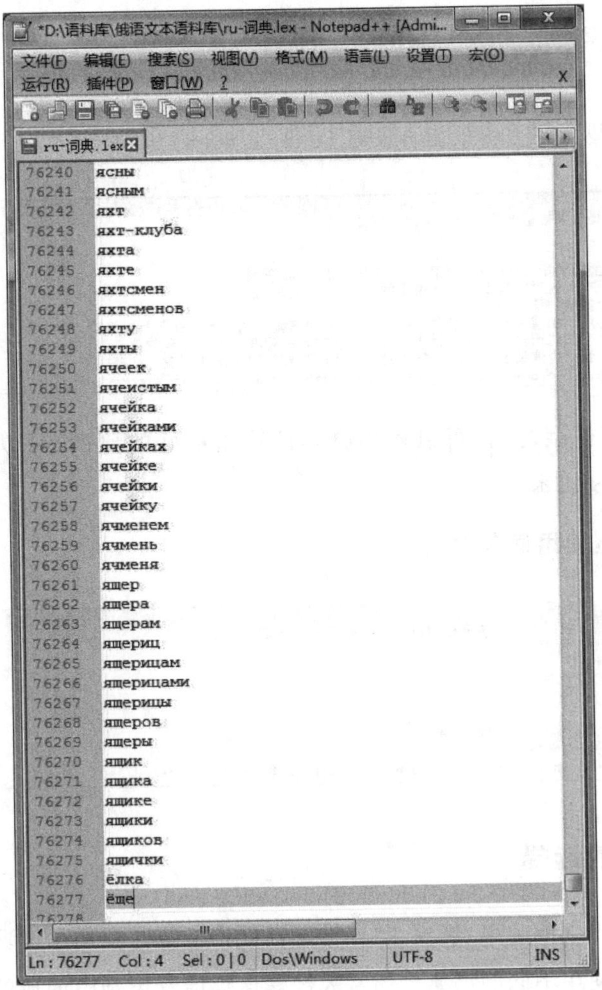

图 4-11 俄语词典

4.3.3 LM 的剪枝与优化

如果训练语料的规模非常大，导致最终生成的语言模型超过了机器的内存限制，那么就需要对语言模型进行剪枝，SRILM 采用了基于相对熵的剪枝算法。

1. 基于相对熵的剪枝

剪枝的目的是删除已存在的 N-gram，同时要保证没有被删除的 N-gram 不能够变化，还需要重新计算回退概率。

那么应该如何衡量剪枝以后语言模型性能的改变呢？

第一种方法是计算剪枝前后两个模型之间概率分布的距离，选择相对熵或者 KL 距离定义参考链接，即

$$D(p \mid\mid p') = -\sum w_i, hjp(w_i, h_j)[\log p'(w_i \mid h_j) - \log p(w_i \mid h_j)] \quad (4\text{-}29)$$

其中，p 表示剪枝之前语言模型的概率，p'表示剪枝之后语言模型的概率。

遍历所有需要剪枝的 N-gram 集合是无法完成的，考虑到可操作性，假设所有 N-gram 对相对熵产生的影响是独立的，然后计算出删除每条 N-gram 对应的相对熵，按照值进行排序，删除相对熵最小的 N-gram。

第二种方法是根据模型剪枝前后 PPL 值的相对变化衡量剪枝对模型的影响。

原始模型的 PPL 值为

$$PPL = e - \sum h, wp(h, w)\log p(w \mid h) \quad (4\text{-}30)$$

剪枝后模型的 PPL'值为

$$PPL' = e - \sum h, wp(h, w)\log p'(w \mid h) \quad (4\text{-}31)$$

所以困惑度的相对变化可以表示为

$$PPL' - PPL \cdot PPL = eD(p \mid\mid p') - 1 \quad (4\text{-}32)$$

所以，剪枝语言模型的流程如下：

① 给定一个困惑度相对变化的门限值 threshold；

② 计算删除单独一条 N-gram 后，模型困惑度的相对变化；

③ 查找低于门限值的 N-gram，首先删除，然后再次计算回退权重。

2. 基于相对熵剪枝的计算方法

如果要删除一条 $ngram(h, w)$，h 表示历史词，w 表示当前词，h'表示历史词删除的第一个词，则会带来两个方面的影响：h 的回退概率 $\alpha(h)$将变为 $\alpha'(h)$；同时，所有历史是 h 对应的回退概率都会改变，将这些 N-gram 统一表示为 $BO(w_i, h)$

$p(w|h)$将变为 $p'(w|h)=\alpha'(h)p(w|h')$

而对于历史词不是 h 的所有 N-gram，概率值均没有变化，所以这里只需要考虑历史词 h_i：h 和当前词 w_i。一个是 w，另外一个是涉及回退概率 h 所对应的 $w(BO(w_i,h))$。

所以相对熵可以写为

$$\begin{aligned} D(p \,||\, p') &= -\sum wi,hj\, p(wi,hj)[\log p'(wi \mid hj) - \log p(wi \mid hj)] \\ &= -p(w,h)[\log p'(w \mid h) - \log p(w \mid h)] \\ &\quad - \sum_{wi \in BO(wi,h)} p(wi,h)[\log p'(wi \mid h) - \log p(wi \mid h)] \\ &= -p(h)\{p(w \mid h)[\log p'(w \mid h) - \log p(w \mid h)] - p(wi \mid h) \\ &\quad \sum_{wi \in BO(wi,h)} p(wi,h)[\log p'(wi \mid h) - \log p(wi \mid h)]\} \end{aligned} \tag{4-33}$$

计算式(4-33)中的后面一项需要遍历词典，对于词典很大的语言模型，其计算复杂度较高。可以考虑回退概率，即

$$\begin{aligned} p'(w \mid h) &= \alpha'(h)p(w \mid h')\log p'(w_i \mid h) - \log p(w_i \mid h) \\ &= \log\alpha'(h) + \log p(w_i \mid h') - \log\alpha(h) - \log p(w_i \mid h') \\ &= \log\alpha'(h) - \log\alpha(h) \end{aligned} \tag{4-34}$$

所以，相对熵将变为

$$\begin{aligned} D(p \,||\, p') = &-p(h)\{p(w \mid h)[\log p(w \mid h') + \log\alpha'(h) - \log p(w \mid h)]\} + \\ &[\log\alpha'(h) - \log\alpha(h)] \sum_{wi \notin BO(wi,h)} p(w_i,h) \end{aligned} \tag{4-35}$$

到现在，未知量有三项：$p(h)$、$\alpha'(h)$和 BO 对应的累加项。

对于第一项，可以根据条件概率依次展开算出；对于第二项，回退概率的计算公式为

$$(h) = \frac{1 - \sum\limits_{wi \notin BO(wi,h)} p(w_i \mid h)}{1 - \sum\limits_{wi \notin BO(wi,h)} p(w_i \mid h')} \tag{4-36}$$

类似于 $\alpha(h)$，$\alpha'(h)$只是分别在分子和分母多加一个 $p(w|h)$和 $p(w|h')$，每一个词的历史 h 只需要计算一次。

对于第三项，每一个 h 只需要计算一次，即

$$\sum_{wi \in BO(wi,h)} p(w_i,h) = 1 - \sum_{wi \notin BO(wi,h)} p(w_i,h) \tag{4-37}$$

4.4　实验结果分析

语言模型训练的环境见 5.3 节，由第 2 号服务器完成。基于统计的方法进行语言模型训练，采用 Katz、KN 等平滑算法解决数据稀疏问题，采用 CCP、REP、WDP 等剪枝算法缓解计算资源及搜索效率问题，选用不同规模的词典对语料进行分类测试和综合测试，从而对比语言模型的优劣。

4.4.1　词典规模测试

语言模型的识别准确率、规模、鲁棒性等性能指标都与使用的词典有关，不同的识别应用场景需要使用不同的词典。通常，大规模连续语音识别中的词典的规模比较大，能尽量覆盖到基本的常用词。但是如果词典规模过大，同样的语料训练出的模型规模会呈几何级增长，如果识别应用场景在特定语境下，那么过大的词典规模反而会使准确率下降。

对于一个识别引擎及其应用场景来说，词典的规模无法使用技术参数预测，大多通过经验和实验对比进行最优化选取。

Dict1 是通用词典，规模约为 8 万词；Dict2 通过文本语料统计得出高频词约 12 万词；Dict3 是将 Dict1 和 Dict2 合并、去重后得到的，约 15 万词；Dict4 是通过 Dict1 和 Dict2 的交集得到的词典，约 5 万词。

本实验使用的语料规模为新闻语料 7.8GB、聊天语料 1.1GB、论坛语料 0.8GB、其他语料 0.3GB。

分别使用上述四个词典训练语言模型，其准确率如表 4-2 所示。

表 4-2　准确率测试对比

词典	Dict1(8 万)	Dict2(12 万)	Dict3(15 万)	Dict4(5 万)
词准确率	80.56%	81.28%	84.61%	79.37%
句准确率	60.36%	61.06%	64.25%	58.19%

4.4.2　语料规模测试

通常，训练语料规模越大，语言模型的性能就越好。但是不同质量的语料对语言模型的性能影响很大。比如，在通用大规模连续语音识别系统中要尽量采用尽可能多的新闻语料;在特定领域,如地图导航识别、歌曲识别、新闻内容识别与检索等特定场景中要尽可能多地采集相应领域的语料训练模型。

语言模型的效果受到语料规模的限制,一般情况是语料规模越大,语言模型的鲁棒性越好、识别准确率越高。但是由于语料获取的难度限制,无法得到无限大的语料规模,所以可以根据现有语料进行测试实验,对比语料规模对模型效果的影响。当语料规模增加到一定规模后,识别准确率的提升会变得很微弱,那么就可以不浪费大量的时间增加语料了。相反,实验中如果随着语料规模的增加,识别准确率的提升依然很明显,那么就可以通过继续增加语料规模提升准确率。

需要说明的是,此处使用的语料均为新闻语料(同一种来源),只是所选取的规模不同,所用词典为上述实验中的最优词典 Dict3(15 万)。

表 4-3 为不同语料规模下识别准确率的统计。

表 4-3 不同语料规模的测试结果对比

语料规模	500MB	2GB	4GB	6GB	8GB	10GB
词准确率	67.11%	75.89%	80.68%	82.01%	83.06%	83.33%
句准确率	49.37%	53.72%	56.34%	59.85%	62.08%	63.61%

由此可以得到不同来源语料的优劣,进而可以尽可能多地采集这部分语料,以及调整这部分语料占总语料规模的权重。

4.4.3 语言模型剪枝测试

在声学模型、解码词典和测试集相同的条件下,比较 *N*-gram 语言模型在剪枝优化前后的识别结果,如表 4-4 所示。

表 4-4 模型剪枝实验结果

LM 训练方法	LM 训练数据规模(10GB)			
	4-gram	4-gram 剪枝优化	3-gram	3-gram 剪枝优化
模型规模	5.1GB	1.21GB	312MB	35MB
WER	15.39%	16.22%	18.3%	21.7%

从表 4-4 中可以看出,在相同条件下,4-gram 模型的识别准确率比 3-gram 模型的要高。4-gram 模型在剪枝前后的识别率变化不太明显,剪枝前的 WER 值为 15.39%,剪枝后的 WER 值为 16.22%,但是语言模型的规模却从 5.1GB 下降到了 1.21GB,节省了大量的计算资源,明显提高了效率。而 3-gram 模型在剪枝前后的变

化相对较大，模型的规模压缩了近 6 倍，而 WER 值却由 18.3%上升到 21.7%。由实验结果可见，训练语言模型的数据规模越大，识别的准确率越高，采用剪枝优化算法后，4-gram 模型在剪枝前后的识别率的变化虽然不明显，但是却明显提高了效率。

本章小结

本章首先重点介绍了俄语文本语料的获取与处理过程，通过编写爬虫程序从俄语新闻类网站下载网页，设计开发了网页过滤清洗系统对其进行过滤清洗，得到了纯净的俄语文本；然后，基于 SRILM 进行语言模型训练，选取规模达 7.6 万个词形的词典，基于相对熵的剪枝算法对训练的语言模型进行剪枝优化，缩小模型的规模；最后，通过实验对比验证了剪枝前和剪枝后语言模型的规模变化，通过第 5 章识别原型系统进行识别率验证，将得出剪枝优化对模型的识别率变化的影响不大的结论。

第5章 基于Kaldi的俄语语音识别原型系统

本章主要根据前文的研究成果，基于 Kaldi 平台设计并实现一个俄语连续语音识别原型系统，属于理论方法探讨向工程应用的转化研究，涉及各类知识的综合运用，是本书的实践成果展示部分。主要内容为首先阐述系统设计的目标与原则，其次介绍设计与实现连续语音识别系统、优化声学模型和语言模型建模的方法及过程，最后对实验的结果进行详细分析，验证系统的有效性。

5.1 系统设计的目标与原则

5.1.1 系统设计的目标

基于标注新闻语料的连续俄语语音识别原型系统设计建立在前文研究的基础之上，旨在对前述算法及模型优化方法进行编码与实现，主要目标包括：

① 实现俄语语言模型的建模及优化，将 Katz、KN 等算法体现在训练过程中，用来测试语言模型的有效性，并检验算法的可靠性；

② 基于 Kaldi 进行二次开发，设计可复用的代码模块，为其他语种的语音识别研究提供示范应用和程序保障；

③ 设计一个开放平台，为成果转化提供一种可操作的技术方案。

5.1.2 系统设计的原则

本书设计的基于 Kaldi 的俄语连续语音识别原型系统主要遵循如下原则。

① **代码复用性**。系统的主界面的核心代码可以复用，以减少系统的工作量，只需要更改部分参数设置即可应用于不同语种的识别应用。

② **界面易用性**。人机交互界面往往决定了系统的易懂度和易用度，对用户来说，

主界面的易用性体现在用户的首次使用感受，界面能够反映系统的主体功能，能够使用户在最短时间内掌握其使用方法。

③ **平台兼容性**。当前绝大多数用户对 Windows 系统界面比较容易接受，而对 Linux 系统界面的掌握尚有一定难度，因此在系统开发的过程中应考虑平台的兼容性，以达到用户最容易接受的程度。

以上原则的主要目的是降低系统开发的成本及难度，增强用户的使用体验。

5.2 系统的开发环境与整体架构

5.2.1 系统的开发环境

基于 Kaldi 平台的二次开发；

服务器端 ASR 运行环境：Ubuntu 14.0；

客户端的操作系统：Windows 7；

软件开发环境：Microsoft Visual Studio 2010；

开发语言：C#、.NET Framework 4.0。

5.2.2 系统的整体架构

基于 Kaldi 的俄语语音识别原型系统的整体架构如图 5-1 所示。

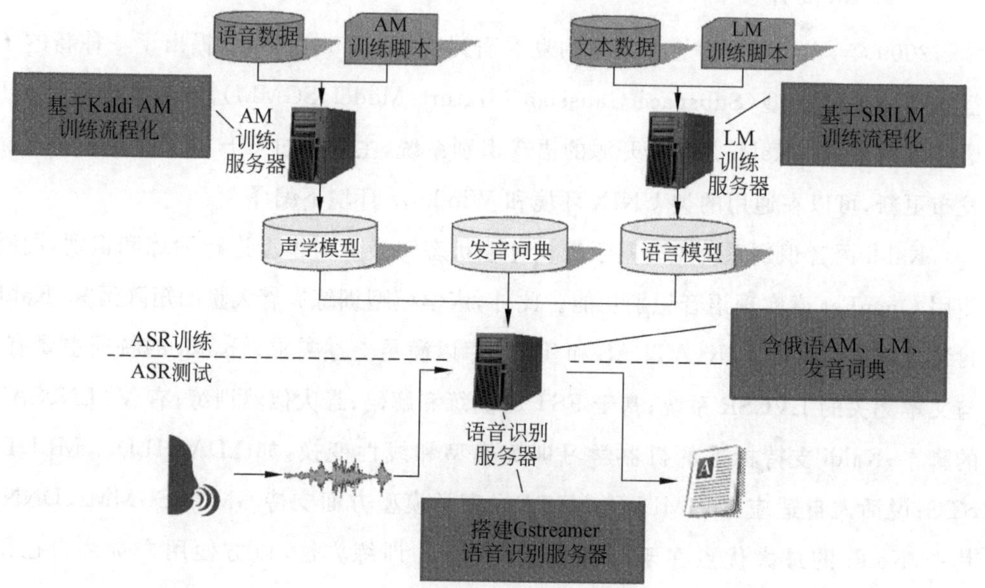

图 5-1　俄语语音识别原型系统

Gstreamer 用于搭建 ASR 服务器，供用户远程访问、传入语音文件、返回该语音文件的识别结果，Gstreamer ASR 的架构如图 5-2 所示。

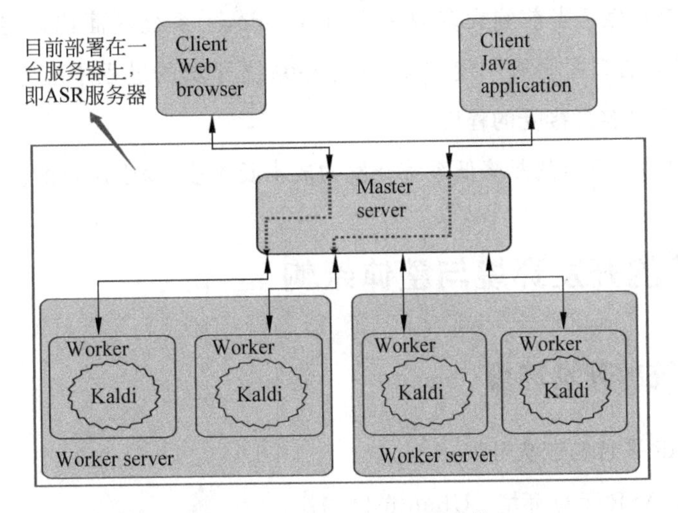

图 5-2　Gstreamer ASR 的架构

5.3　Kaldi 环境的搭建

5.3.1　Kaldi 及实验环境

1. Kaldi 简介

2009 年，在约翰霍普金斯大学的夏季研讨会上，Daniel Povey 提出了一种新的子空间高斯混合模型（Subspace Gaussian Mixture Model，SGMM），同时发布了 Kaldi 语音识别系统。Kaldi 是一个开源的语音识别系统，主要通过 C++ 实现，通过 Github 发布更新，可以在通用的类 UNIX 环境和 Windows 环境下编译。

Kaldi 语音识别系统主要基于带权有限状态转换器对模型进行训练和识别，同时使用 OpenFst 库实现语音识别功能。此外，声学模型训练有着大量的矩阵运算，Kaldi 封装了部分 CLAPACK、ATLAS 和 TNT 库以满足上述需求。Kaldi 的特征主要有：与文本无关的 LVCSR 系统；基于 FST 的训练和解码；最大似然训练；有 VTLN、SAT 的脚本；Kaldi 支持标准的机器学习训练模型和线性变换，如 LDA HLDA，MLLT/STC；说话人自适应，如 fMLLR、MLLR。声学模型方面支持 GMM、SGMMs、DNN。其中，Kaldi 的最大优点在于提供了多套 DNN 训练方法，以方便用户训练自己的 DNN 声学模型。

① 由 Karel Vesely 提供的训练方法，称为 nnet1，该方法仅支持一个 GPU 或 CPU 进行训练，训练速度较慢。

② 由 Daniel Povey 提供的训练方法，称为 nnet2，该方法同时支持多个 GPU 或者多个 CPU，使用更加灵活，训练速度也有较大幅度的提高。识别率与 nnet1 相比有轻微的下降，但与其出色的训练效率相比，结果是可以接受的。该方法也是目前 Kaldi 最受欢迎的 DNN 训练方法。

③ 由 Daniel Povey 维护，持续更新中，称为 nnet3，同样支持多个 GPU 或多个 CPU，可训练 LSTM 声学模型，但还没有提供在线解码程序。

2. 实验环境

本实验环境的拓扑结构如图 5-3 所示。

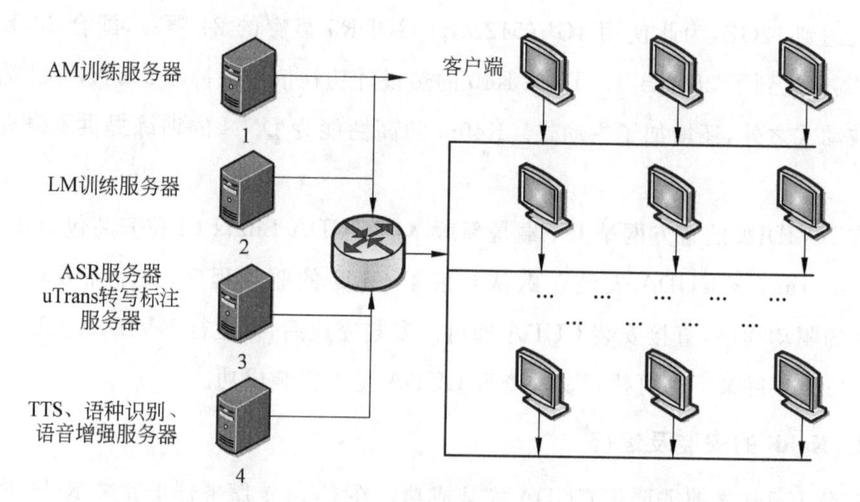

图 5-3 实验室拓扑结构

其中，1 号服务器硬件配置：曙光云图 W760-G20 高性能服务器，16 核 i7 至强 CPU，128GB 内存，4 块 600GB 硬盘，2 块 K40m 12GB 的 GPU，主要用来训练俄语声学模型。

2 号服务器硬件配置：曙光 I620-G20 服务器，16 核 i7 至强 CPU，64GB 内存，4 块 600GB 硬盘，主要用来进行俄语语言模型的训练。

3 号服务器硬件配置：曙光 I620-G20 服务器，16 核 i7 至强 CPU，64GB 内存，4 块 600GB 硬盘，主要用来提供 ASR 引擎，实现俄语在线和离线语音识别。

客户端通过 GUI 远程登录服务器实现语音识别等功能。

5.3.2 Kaldi 训练服务器的搭建

本书中的 HMM-GMM 及 DNN 声学模型的训练流程和测试流程均是基于 Kaldi 搭建的。

1. GPU 及 CUDA 的安装

使用 Kaldi 进行 DNN 训练需要在服务器上安装 GPU。本次实验采用的 GPU 为 2 块 Tesla K40m。K40m 号称 NVIDIA 有史以来性能最强的加速器，与之前的 GPU 相比，Tesla K40 的频率更高，核心从 732MHz 提升到了 745MHz，并支持动态加速，且有 810MHz、875MHz 两个档次，浮点性能因此增至单精度 4.29TFlops、双精度 1.43TFlops。显存的频率不但从 5.2GHz 提升至 6GHz，容量也翻了一番，在该系列中首次达到 12GB，为此使用 4Gb(512MB) GDDR5 显存的 24 颗粒，配合 384b 的位宽，带宽也达到了 288GB/s。Tesla K40 的热设计功耗依然保持在 235W，而散热方式除了被动式之外，还增加了主动式。K40m 的高性能为 DNN 的训练提供了强有力的保障。

在 NVIDIA 的官方网站上下载最新版本的 CUDA Linux 64 位安装包 cuda_7.5.18_linux.run，该 CUDA 安装包默认封装了 GPU 的驱动程序，故不需要单独安装 K40m 的驱动程序，直接安装 CUDA 即可。安装完成后，可运行 NVIDIA_CUDA-7.5_Sample/bin 目录下的可执行文件查看 CUDA 是否安装成功。

2. Kaldi 的安装及运行

安装 Kaldi 之前需要将 CUDA 安装成功。在 Centos 服务器上安装 Kaldi 时需要将服务器联网，在 Kaldi 官网上下载 Kaldi 安装包。Kaldi 中需要用到一系列工具，如 openfst、atlas、sctk 等，需要先到 Kaldi 安装包的 tools 目录下按照该目录下的 INSTALL 文件安装这些工具。在所有这些外部工具安装完成后，在 Kaldi 的源代码 src 目录下根据该目录下的 INSTALL 文件对 Kaldi 的源代码进行编译和安装。至此，Kaldi 工具安装成功，可以使用 Kaldi 目录下的 egs 中的 yesno 验证 Kaldi 是否安装成功。

在运行 Kaldi 中的样例时，需要注意三个脚本：cmd.sh、path.sh、run.sh。

cmd.sh 脚本为

```
#"queue.pl" uses qsub.  The options to it are
#options to qsub.
#change this to a queue you have access to.
```

```
#Otherwise, use "run.pl", which will run jobs locally
# (make sure your --num-jobs options are no more than
#the number of cpus on your machine.
#a) JHU cluster options
#export train_cmd="queue.pl -l arch= * 64"
#export decode_cmd="queue.pl -l arch= * 64,mem_free=2G,ram_free=2G"
#export mkgraph_cmd="queue.pl -l arch= * 64,ram_free=4G,mem_free=4G"
#export cuda_cmd=run.pl
#b) BUT cluster options
#export train_cmd="queue.pl -q all.q@@blade -l ram_free=1200M,mem_free=
1200M"
#export decode_cmd="queue.pl -qall.q@@blade -l ram_free=1700M,mem_free=
1700M"
#export decodebig_cmd="queue.pl -q all.q@@blade -l ram_free=4G,mem_free=
4G"
#export cuda_cmd="queue.pl -q long.q@@pco203 -l gpu=1"
#export cuda_cmd="queue.pl -q long.q@pcspeech-gpu"
#export mkgraph_cmd="queue.pl -q all.q@@servers -l ram_free=4G,mem_free=
4G"
#c) run it locally...
export train_cmd=run.pl
export decode_cmd=run.pl
export cuda_cmd=run.pl
export mkgraph_cmd=run.pl
```

可以看到有三个分类分别对应a、b、c。a和b都在集群上运行，c就是我们需要的。

path.sh脚本为

```
export KALDI_ROOT='pwd'/../../..
export
PATH = $PWD/utils/: $KALDI _ ROOT/src/bin: $KALDI _ ROOT/tools/openfst/bin:
$KALDI_ROOT/tools/irstlm/bin/: $KALDI _ROOT/src/fstbin/: $KALDI _ROOT/src/
gmmbin/: $KALDI _ROOT/src/featbin/: $KALDI _ROOT/src/lm/: $KALDI _ROOT/src/
sgmmbin/:$KALDI_ROOT/src/sgmm2bin/:$KALDI_ROOT/src/fgmmbin/:$KALDI_ROOT/
src/latbin/:$KALDI_ROOT/src/nnetbin:$KALDI_ROOT/src/nnet-cpubin/:$KALDI_
ROOT/src/kwsbin:$PWD:$PATH
export LC_ALL=C
export IRSTLM=$KALDI_ROOT/tools/irstlm
```

在此只需要修改export KALDI_ROOT='pwd'/../../..为安装Kaldi的目录，有时候不修改也可以，需要根据实际情况而定。

run. sh 需要指定数据在什么路径下，只需要修改。如：

```
#timit=/export/corpora5/LDC/LDC93S1/timit/TIMIT #@JHU
timit=/mnt/matylda2/data/TIMIT/timit #@BUT
```

修改训练数据所在的路径，其他的数据库都一样。

5.3.3 AM 训练数据及参数设置

1. 数据库简介

本书的声学模型训练和最后的解码测试需要的数据都来自于 train-clean-130、train-clean-110、train-other-120。这三个语音库的详细介绍如下。

① train-clean-130（单句 1）语料库包含 200 个俄语说话人的语音数据，共计 239776 条话语录音。纯录音时间约为 130 小时（单通道），其中包括句首的静音（约 500 毫秒）、句尾静音（约 500 毫秒）。该数据库的总大小为 38GB。每个信道的声音采样频率为 16kHz、16 位、单声道，为未经压缩的 PCM 语音格式。所有波形文件均保存在\wav 目录中。

文件结构为 4 级存储：

```
data\channel<ID>\wave\Speaker<ID>
```

每一部分的定义如表 5-1 所示。

表 5-1 语音文件存储结构定义

通道编号<ID>	Defined as channel<n> where <n>is the channel number from 0 to 3;
说话人编号<ID>	Defined as Speaker<nnnn> where < nnnn > is a number from 0010 to 2000 (numbers were randomly used)

提示文件经过转录说话人的提示，包含噪声标记和真实内容。如：

```
20 Борьбу за медали поведут немцы, голландцы, американцы, испанцы.
<SPK/>борьбу за медали поведут немцы голландцы американцы испанцы
```

其中，20 是波形文件的名称，后面是一个<标签>，最后是读音提示。

内容选择：录音的句子是经过设计的，应尽量涵盖俄语音素，选择 7～20 个字的自然句子，包括政治、经济、文化、体育、社会等领域，使得音素的覆盖率尽可能平衡。

表 5-2 和表 5-3 所示分别是俄语字母和音素的统计结果。

表 5-2　语音库 1 的字母统计表

Letter	Coverage	Letter	Coverage	Letter	Coverage	Letter	Coverage
Ё	4	Ф	252	м	87235	Ё	4
А	1001	Х	227	н	194489	А	1001
Б	1079	Ц	105	о	320804	Б	1079
В	5777	Ч	473	п	86893	В	5777
Г	783	Ш	190	р	151990	Г	783
Д	1223	Щ	25	с	160334	Д	1223
Е	748	Э	896	т	193599	Е	748
Ж	250	Ю	98	у	73297	Ж	250
З	914	Я	321	ф	9148	З	914
И	1316	а	229370	х	30533	И	1316
Й	12	б	47892	ц	17826	Й	12
К	2784	в	131375	ч	41775	К	2784
Л	548	г	45786	ш	18242	Л	548
М	1509	д	86355	щ	11947	М	1509

表 5-3　语音库 1 的音素统计表

Phone	Coverage	Phone	Coverage	Phone	Coverage	Phone	Coverage
1	97411	j	98131	s'	38383	1	97411
S	19430	k	98627	t	146014	S	19430
S':	13809	k'	17955	t'	54699	S':	13809
Z	27165	l	55313	t-S'	752	Z	27165
a	519858	l'	77276	t-s	11351	a	519858
b	34805	m	59308	tS'	39635	b	34805
b'	9782	m'	28976	ts	17732	b'	9782
d	50998	n	127120	u	95855	d	50998
d'	29765	n'	68744	v	100283	d'	29765
e	96836	o	128279	v'	30011	e	96836

转写标准：所有语音文件的标注规则经过了俄语语言学家的评估，由俄语语音标注平台统一进行标注(标注平台的设计见 2.3.3 节)，标注规范见 2.4 节。本语音数据库包含俄语单词词形 76277 个。

② train-clean-110(单句 2)语料库包含 100 名说话人录制的双通道语音，共计 40096 条，纯录音时间约 110 小时，规模约 13GB。前 50 个说话人录制的是手机录音，后 50 个说话人录制的是不同的人名、数字串和地址等文本。

字母统计和音素统计分别如表 5-4 和表 5-5 所示。

表 5-4　语音库 2 的字母统计表

Alphabet	Coverage	Alphabet	Coverage	Alphabet	Coverage	Alphabet	Coverage
А	3800	в	131023	Р	2413	т	185649
Б	5377	г	42223	С	2507	у	59669
В	1653	д	96172	Т	2343	ф	4944
Г	5204	е	245783	У	938	х	25919
Д	2503	ж	27761	Ф	601	ц	17704
Е	1131	з	49104	Х	151	ч	35152
Ж	58	и	221313	Ц	80	ш	18166
З	541	й	32628	Ч	441	щ	10416
И	2633	к	88588	Ш	872	ъ	888
Й	2	л	109650	Щ	6	ы	49960
К	3552	м	73386	Э	503	ь	50910
Л	1292	н	186336	Ю	894	э	11497
М	4617	о	297876	Я	896	ю	17920
Н	1343	п	86345	а	218407	я	66352
О	1054	р	150393	б	37860	ё	6729
П	1647	с	156282				

表 5-5　语音库 2 的音素覆盖表

Phone	Coverage	Phone	Coverage	Phone	Coverage	Phone	Coverage
"S	17715	S	20300	"n'	17246	n'	54655
"S':	2909	S':	9311	"o	7140	o	105548
"Z	10597	Z	21912	"p	25676	p	59045

续表

Phone	Coverage	Phone	Coverage	Phone	Coverage	Phone	Coverage
"a	5238	a	525883	"p'	4245	p'	10434
"b	16659	b	13986	"r	20797	r	84367
"b'	4528	b'	6724	"r'	6114	r'	47769
"d	20449	d	35007	"s	29106	s	88102
"d'	18921	d'	22055	"s'	15273	s'	30661
"e	11386	e	104871	"t	28273	t	124015
"f	4415	f	34558	"t'	5062	t'	47820
"f'	111	f'	3616	"t-s	456	t-S'	80
"g	15096	g	18008	"tS'	10205	t-s	10455
"g'	1549	g'	2988	"ts	2724	tS'	16267
"i	21692	i	383952	"u	4137	ts	12672
"j	8856	j	88203	"v	49297	u	83145
"k	20498	k	65618	"v'	7806	v	66585
"k'	3659	k'	14929	"x	3088	v'	23022
"l	7835	l	35106	"x'	24	x	22368
"l'	15516	l'	57692	"z	12466	x'	898
"m	10693	m	35467	"z'	1699	z	30218
"m'	11554	m'	22589	1	91545	z'	4843
"n	26724	n	109470				

本语音数据库包含俄语单词 12001 个。

③ train-other-120(数串)语料库包含 50 名说话人录制的 59988 条语音数据。每位说话人在一个会话中记录 300 条数字串，纯录音时间约为 120 小时，包括句首和句尾的静音段，该数据库的总大小为 30.6GB。

录音提示包含在一个文件中，<SpeakerID>.txt 在/script 目录，文件格式如下所示。

```
V10010016    6 0 4 9 7 3 2 5 8 1
    шесть ноль четыре девять семь три два пять восемь один
V10010017    5 4 3 8 2 9 0 1 7 6
    пять четыре три восемь два девять ноль один семь шесть
```

数据库设计和存储的定义如表 5-6 所示。

表 5-6 数串提示内容的定义

分类名称	内容	标识
拼写单词	spontaneousname	001
	city name	002～004
	Word spell	005～008
	artificial name	009～010
独立数字	single digits	011～015
	digit strings	016～025
连续数字	credit card numbers	026～035
	PIN codes	036～045
	natural digits	046～055
电话号码	spontaneous phone number	056
	emergency	057～060
	local	061～078
	domestic	079～096
	international	097～114
	mobile	115～132
日期表达	spontaneous data	133
	prompted dates	134～143
	related and general date expressions	144～153
时间表达	spontaneous time	154
	prompt time prase	155～164
	related and general time expressions	165～174
金钱表达	national currency	175～184
人名	spontaneous forename	185
	first name	186～192
	last name	193～198
	nick name	199～204
	full name	205～214
	grammar names	215～254

续表

分类名称	内　容	标　识
目录名	spontaneous city name	255
	city name	256～260
	street names	261～265
	full address	266～270
	consuming places—restaurant	271～275
	consuming places—Museum	276～280
	consuming places—hotel	281～285
	consuming places—bar and etc.	286～290
	institute names	291～295
	company/agent names	296～300

本语音数据库包含俄语单词 2801 个。

2. AM 训练及测试集划分

在进行 AM 训练集和测试集的划分时，将以上 3 个语料库看作一个整体。为了更好地验证俄语语音识别系统的有效性和一致性，期望测试集能够覆盖 3 个数据库中的不同数据类型。因此，按照各个数据库的时长比例，从 train-clean-130 中按人随机抽取约 4 小时的数据，从 train-clean-110 中按人随机抽取约 3 小时的数据，从 train-other-120 中按人随机抽取约 3 小时的数据。这三个部分共同构成约 10 小时的测试数据库 test_10，而 3 个库剩下的部分则用作 AM 训练数据。

为了用质量较好的数据初始化模型得到效果较好的 AM 模型，需要将整个 AM 训练数据库按 WER 或 SNR 分为 3 个部分，具体步骤如下：

步骤 1：计算整个库中每个人的平均 WER(字错误率，需要有一个 ASR 引擎)或平均 SNR(信噪比)，WER、SNR 计算一个即可；

步骤 2：WER 按从小到大排序，SNR 按从大到小排序；

步骤 3：整个数据库大致从中间值进行划分，对于低错误率或高信噪比的说话人来说，其定义为“高质量”，对于高错误率或低信噪比的说话人来说，其定义为“其他”；

步骤 4：“高质量”数据库中的音频分为两个训练集：train-clean-130(25％的“高质量”数据库)和 train-clean-110(其余 75％的“高质量”数据库)，“其他”数据库被命名为 train-other-120。

使用数据质量较好的 train-clean-130 数据库进行 GMM 模型的初始化，然后用 train-clean-110、train-other-120 库在初始 GMM 模型的基础上训练 SAT 模型，最后，使用 train-clean-130、train-clean-110、train-other-120 训练 p-norm DNN 模型，从而得到最后的声学模型。

AM 训练数据需要的必须文件包括 speaker. txt、dict、vocablularylist、wav、txt 和相应的目录结构。要求每一个 wav 都要有与之对应的文本，否则会出现错误；wav 格式：16kHz，16b，mono channel，Windows uncompressed PCM format；去除 wav 大小为 0 的 wav 和与之对应的文本。

其中 wav 格式化的程序源码如下。

```
#!/bin/sh
#if [ $#<2 ]
#then
#   echo "usage: $0 input_dir out_dir"
#   exit
#fi
input_dir=$1
output_dir=$2
ls -1 $input_dir|while read line
do
echo $line
    #sox $input_dir/$line $output_dir/$line remix 1
    sox $input_dir/$line -r 16000 $output_dir/$line
done
```

3. AM 训练参数的设置

基础特征：采用 39 维特征，包括能量特征和 12 维 MFCC 特征，以及它们的一阶差分、二阶差分。帧长为 25ms，帧移为 10ms，使用 Hamming 窗。

(1) 基线系统声学模型(HMM-GMM)。

基于 MFCC 特征并使用 LDA+MLLT 算法生成 40 维特征，采用 HMM 对建模单元进行建模，并使用 fMLLR(feature-space MLLR)算法进行说话人自适应训练。使用数据驱动方法生成问题集，通过决策树状态绑定，最终总的物理状态数为 7000。利用基于随机扰动的分裂方法，每个状态的高斯混合分量数从 1 个逐渐增加至 20 个(1 次分裂增加 1 个分量)。

(2) Nnet2 DNN 声学模型。

该声学模型用于在线解码(online decoding)。输入特征为未经过归一化的 40 维

log-mel filterbank 特征加上 100 维 iVector 说话人特征。采用含有 6 个隐层的 p-norm DNN 结构，p-norm 的输入/输出维数分别为 4000、400。学习速率以指数方式从 0.0015 递减到 0.00015，使用 2 个 GPU 并行训练。

(3) 解码工具。

使用 online2-wav-nnet2-latgen-faster 工具，beam 值设置为 15.0。

AM 训练需要设置以下步骤，修改调整以下方面的参数：FeatureExtraction、MonophoneTrain、TriphoneTrain、DNNTrain。

① FeatureExtraction。

```
mfccdir=mfcc

for part in train_clean_100; do
  steps/make_mfcc.sh --cmd "$train_cmd" --nj 20 data/$part exp/make_mfcc/$part $mfccdir
  steps/compute_cmvn_stats.sh data/$part exp/make_mfcc/$part $mfccdir
done
```

MFCC：一种特征提取方法，考虑人耳对不同频率的感知程度。

CMVN：全称为 Cepstrum Mean and Variance Normalization，能有效降低噪声的影响，提升对噪声的鲁棒性。

在提取特征时若出现下列错误：

```
wave-reader.cc:224) Expected 264032 bytes in RIFF chunk,
but after first data block there will be 36 + 264032 bytes
```

则需要修改 wav 头中的长度信息。

② Monophone train。

```
all_sentence_num=`wc -l data/train_clean_100/wav.scp|awk '{print $1}'`
sub_num_1=`expr $all_sentence_num / 10`
sub_num_2=`expr $all_sentence_num \* 18 / 100`
sub_num_3=`expr $all_sentence_num \* 35 / 100`

utils/subset_data_dir.sh --shortest data/train_clean_100 $sub_num_1 data/train_2kshort
utils/subset_data_dir.sh data/train_clean_100 $sub_num_2 data/train_5k
utils/subset_data_dir.sh data/train_clean_100 $sub_num_3 data/train_10k

  # train a monophone system
  steps/train_mono.sh --boost-silence 1.25 --nj 20 --cmd "$train_cmd" \
    data/train_2kshort data/lang exp/mono || exit 1;

  steps/align_si.sh --boost-silence 1.25 --nj 10 --cmd "$train_cmd" \
    data/train_5k data/lang exp/mono exp/mono_ali_5k
```

③ TriphoneTrain。

```
# train a first delta + delta-delta triphone system on a subset of 5000 utterances
steps/train_deltas.sh --boost-silence 1.25 --cmd "$train_cmd" \
    2000 10000 data/train_5k data/lang exp/mono_ali_5k exp/tri1 || exit 1;

steps/align_si.sh --nj 10 --cmd "$train_cmd" \
  data/train_10k data/lang exp/tri1 exp/tri1_ali_10k || exit 1;

# train an LDA+MLLT system.
steps/train_lda_mllt.sh --cmd "$train_cmd" \
   --splice-opts "--left-context=3 --right-context=3" \
   2500 15000 data/train_10k data/lang exp/tri1_ali_10k exp/tri2b || exit 1;

# Align a 10k utts subset using the tri2b model
steps/align_si.sh  --nj 10 --cmd "$train_cmd" \
  --use-graphs true data/train_10k data/lang exp/tri2b exp/tri2b_ali_10k || exit 1;

# Train tri3b, which is LDA+MLLT+SAT on 10k utts
steps/train_sat.sh --cmd "$train_cmd" \
  2500 15000 data/train_10k data/lang exp/tri2b_ali_10k exp/tri3b || exit 1;

# align the entire train_clean_100 subset using the tri3b model
steps/align_fmllr.sh --nj 20 --cmd "$train_cmd" \
  data/train_clean_100 data/lang exp/tri3b exp/tri3b_ali_clean_100 || exit 1;

# train another LDA+MLLT+SAT system on the entire 100 hour subset
steps/train_sat.sh  --cmd "$train_cmd" \
  4200 40000 data/train_clean_100 data/lang exp/tri3b_ali_clean_100 exp/tri4b || exit 1;
```

④ DNNTrain。

脚本如下。

local/online/run_nnet2_ms.sh 保留以下脚本

local/online/run_nnet2_common.sh

DNN train 参数按如下修改。

```
steps/nnet2/train_multisplice_accel2_mj2.sh --stage $train_stage \
  --num-epochs 8 --num-jobs-initial 4 --num-jobs-final 4 \
  --num-hidden-layers 6 --splice-indexes "layer0/-2:-1:0:1:2 layer1/-1:2 layer3/-3:3 layer4/-7:2" \
  --feat-type raw \
  --online-ivector-dir exp/nnet2_online/ivectors_train_960_hires \
  --cmvn-opts "--norm-means=false --norm-vars=false" \
  --num-threads "$num_threads" \
  --minibatch-size "$minibatch_size" \
  --parallel-opts "$parallel_opts" \
  --io-opts "--max-jobs-run 12" \
  --initial-effective-lrate 0.0015 --final-effective-lrate 0.00015 \
  --cmd "$decode_cmd" \
  --pnorm-input-dim 3500 \
  --pnorm-output-dim 350 \
  --mix-up 12000 \
  data/train_960_hires data/lang exp/tri6b $dir  || exit 1;
```

最终生成的 DNN 模型的存放地址为 exp/nnet2_online/nnet_ms_a。

生成的声学模型的存放地址为 exp/nnet2_online/nnet_ms_a/final. mdl。

生成的决策树的存放地址为 exp/nnet2_online/nnet_ms_a/tree。

5.3.4　LM 训练数据及参数设置

语言模型(LM)训练环境采用 SRILM 环境，需要在 CentOS 上安装该工具，下载并解压 tar zxvf srilm. tar. gz，修改 Makefile 文件(在 SRILM 目录下)，编译 SRILM 目录下的 make World。

修改环境变量和文件/root/. bash_profile，然后执行 source 命令加载此配置。

```
PATH=$PATH:$HOME/bin
SRILM=/root/srilm_test_szm/srilm
PATH=$PATH:$SRILM/bin:$SRILM/bin/i686-m64
export SRILM
export PATH
```

环境设置完毕，可以进行文本数据的准备和相关参数的设置。

1. 文本数据的准备

利用 4.1 节获取的标准俄语文本语料库训练语言模型。

通用领域(主要是新闻类的，涉及政治、经济、文化、社会、体育、军事等方面)占总语料的 90%，特定领域(主要是消息类的，来自 Twitter 网站)占总语料的 10%。总规模约为 10GB 的文本。

文本语料以 json 格式存储，清洗语料采用的标准如表 5-7 所示。

表 5-7　文本语料的清洗标准

分　类	清洗标准
BaseChar	? '.;"! @$( )-% ,
BaseCharRange	0x410　0x44F 0x401　0x401 0x451　0x451
BaseOtherRange	0x30　0x39 0x61　0x7A 0x41　0x5A
CutStr	? ! . ? !
PairChar	()
RemoveStr	"

2. LM训练的参数设置

SRILM工具的主要功能是用来构建和训练基于统计的语言模型，主要应用在语音识别领域、训练数据的统计标注和切分以及机器翻译等领域，能够在Windows平台和UNIX平台上运行，包含以下部分。

① 一组已经实现了的语言模型、支持语言模型的相关数据结构和多种必备函数的C++类库。

② 一组建立在C++类库上的可用于执行特定任务的可执行程序，如语言模型训练、测试语言模型、标注和切分文本等任务。

③ 一组更容易实现的多种脚本程序。

支持语言模型进行估计和评测是SRILM的主要目标。语言模型的估计是指从训练集中训练一个模型，并采用最大似然估计及其相应的平滑算法；而语言模型评测是指从测试数据集中计算困惑度。其中最重要、最核心和最基础的模块就是*N*-gram模块，它是最早实现的模块，含*N*-gram-count和*N*-gram这两个工具，分别用来估计和评测语言模型。一个标准的三元语言模型使用Good-Truing平滑算法和Katz回退算法进行平衡，使用如下命令构建：

```
N-gram-count -text TRAINDATA -lm LM
```

LM是训练完成后输出的语言模型文件。

评测命令如下：

```
N-gram -lm LM -ppl TESTDATA -debug 2
```

具体的参数说明可参考相关文档说明，如果在Linux环境下已经编译完成，则可以直接使用man命令调用帮助文档。

LM模型训练的过程如下。

① 远程登录LM训练服务器，如图5-4所示。

lm_train为训练环境根目录，首先将训练语料文本放到data/text目录下(可有多个文件)，然后运行nohup./run.sh & 即可，生成的语言模型在data/lm目录下：out_lm_3.arpa(三元模型)、out_lm_3_prune.arpa(三元模型剪枝后)、out_lm_4.arpa(四元模型)、out_lm_4_prune.arpa(四元模型剪枝后)。

其中，Kaldi解码器在画图时需要使用out_lm_3_prune.arpa模型，解码时需要使用out_lm_4.arpa模型。

② 修改run.sh源文件，如图5-5所示。

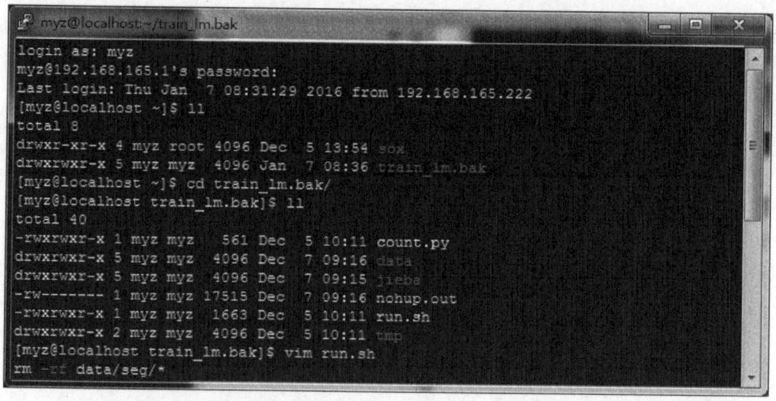

```
myz@localhost:~/train_lm.bak
login as: myz
myz@192.168.165.1's password:
Last login: Thu Jan  7 08:31:29 2016 from 192.168.165.222
[myz@localhost ~]$ ll
total 8
drwxr-xr-x 4 myz root 4096 Dec  5 13:54 sox
drwxrwxr-x 5 myz myz  4096 Jan  7 08:36 train_lm.bak
[myz@localhost ~]$ cd train_lm.bak/
[myz@localhost train_lm.bak]$ ll
total 40
-rwxrwxr-x 1 myz myz   561 Dec  5 10:11 count.py
drwxrwxr-x 5 myz myz  4096 Dec  7 09:16 data
drwxrwxr-x 5 myz myz  4096 Dec  7 09:15 jieba
-rw------- 1 myz myz 17515 Dec  7 09:16 nohup.out
-rwxrwxr-x 1 myz myz  1663 Dec  5 10:11 run.sh
drwxrwxr-x 2 myz myz  4096 Dec  5 10:11 tmp
[myz@localhost train_lm.bak]$ vim run.sh
rm -rf data/seg/*
```

图 5-4　使用 Putty 远程登录 LM 训练服务器

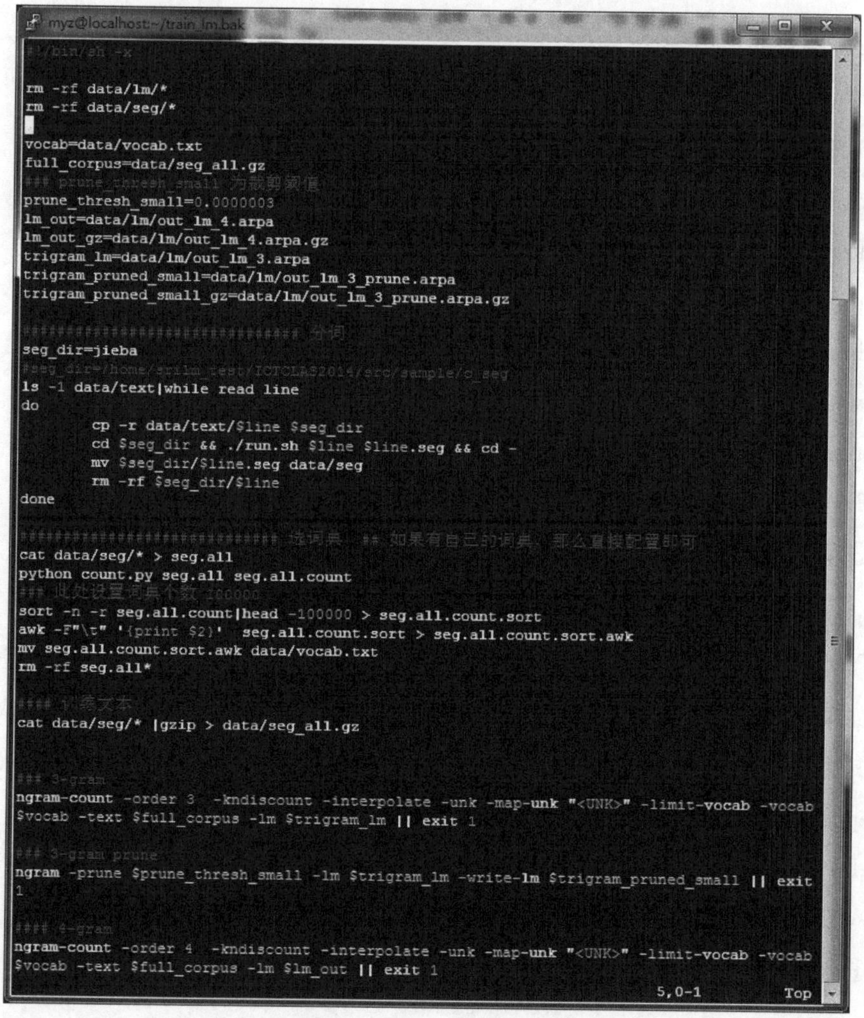

```
myz@localhost:~/train_lm.bak
#!/bin/sh -x

rm -rf data/lm/*
rm -rf data/seg/*

vocab=data/vocab.txt
full_corpus=data/seg_all.gz
### prune_thresh_small 为裁剪阈值
prune_thresh_small=0.0000003
lm_out=data/lm/out_lm_4.arpa
lm_out_gz=data/lm/out_lm_4.arpa.gz
trigram_lm=data/lm/out_lm_3.arpa
trigram_pruned_small=data/lm/out_lm_3_prune.arpa
trigram_pruned_small_gz=data/lm/out_lm_3_prune.arpa.gz

################################ 分词
seg_dir=jieba
#seg_dir=/home/srilm_test/ICTCLAS2014/src/sample/c_seg
ls -1 data/text|while read line
do
        cp -r data/text/$line $seg_dir
        cd $seg_dir && ./run.sh $line $line.seg && cd -
        mv $seg_dir/$line.seg data/seg
        rm -rf $seg_dir/$line
done

################################ 选词典 ## 如果有自己的词典，那么直接配置即可
cat data/seg/* > seg.all
python count.py seg.all seg.all.count
### 此处设置词典个数 100000
sort -n -r seg.all.count|head -100000 > seg.all.count.sort
awk -F"\t" '{print $2}'  seg.all.count.sort > seg.all.count.sort.awk
mv seg.all.count.sort.awk data/vocab.txt
rm -rf seg.all*

#### 训练文本
cat data/seg/* |gzip > data/seg_all.gz


### 3-gram
ngram-count -order 3  -kndiscount -interpolate -unk -map-unk "<UNK>" -limit-vocab -vocab
$vocab -text $full_corpus -lm $trigram_lm || exit 1

### 3-gram prune
ngram -prune $prune_thresh_small -lm $trigram_lm -write-lm $trigram_pruned_small || exit
1

#### 4-gram
ngram-count -order 4  -kndiscount -interpolate -unk -map-unk "<UNK>" -limit-vocab -vocab
$vocab -text $full_corpus -lm $lm_out || exit 1
                                                                 5,0-1         Top
```

图 5-5　修改 run.sh 源文件

③ 选择词典，如图 5-6 所示。

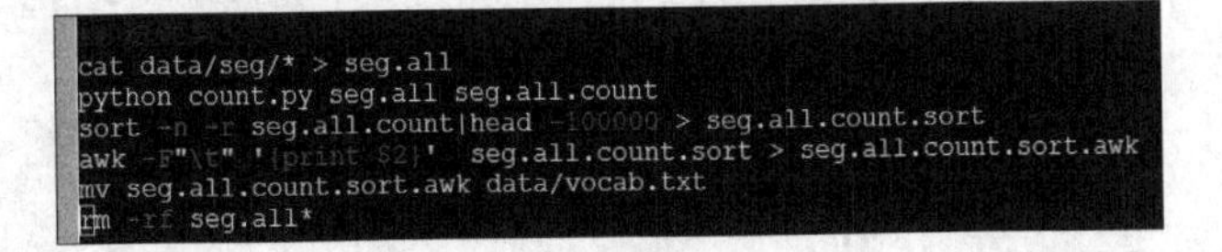

```
cat data/seg/* > seg.all
python count.py seg.all seg.all.count
sort -n -r seg.all.count|head -100000 > seg.all.count.sort
awk -F"\t" '{print $2}'  seg.all.count.sort > seg.all.count.sort.awk
mv seg.all.count.sort.awk data/vocab.txt
rm -rf seg.all*
```

图 5-6 选择词典

此段脚本调用了 count. py 工具对文本进行词频统计，然后从中选出指定个数的高频词作为词典 vocab. txt。

④ 模型训练。

LM 训练的源代码如下：

```
N-gram-count -order 3-kndiscount -interpolate -unk -map-unk "<UNK>" -
limit-vocab -vocab $vocab -text $full_corpus -lm $trigram_lm || exit 1
```

此段脚本使用给定的文本、词典训练语言模型。其中，

-order 3：指定为 3 元模型训练。

-kndiscount-interpolate：设定平滑算法。

-unk-map-unk "<UNK>"：将未知词标记为<UNK>。

-limit-vocab：未知词按照 UNK 统计词频。

-vocab $vocab：指定词典。

-text $full_corpus：指定用于训练的文本。

-lm $trigram_lm：指定输出的语言模型。

⑤ 语言模型剪枝。

```
N-gram -prune $prune_thresh_small -lm $trigram_lm -write-lm $trigram_
pruned_small || exit 1
```

如果训练出的语言模型占用的空间比较大，则可以使用此命令将其剪枝成小模型。其中，

-prune $prune_thresh_small：设定剪枝的阈值。

-lm $trigram_lm：输入的剪枝模型。

-write-lm $trigram_pruned_small：输出剪枝以后的模型。

⑥ 查看 LM 训练结果，如图 5-7 所示。

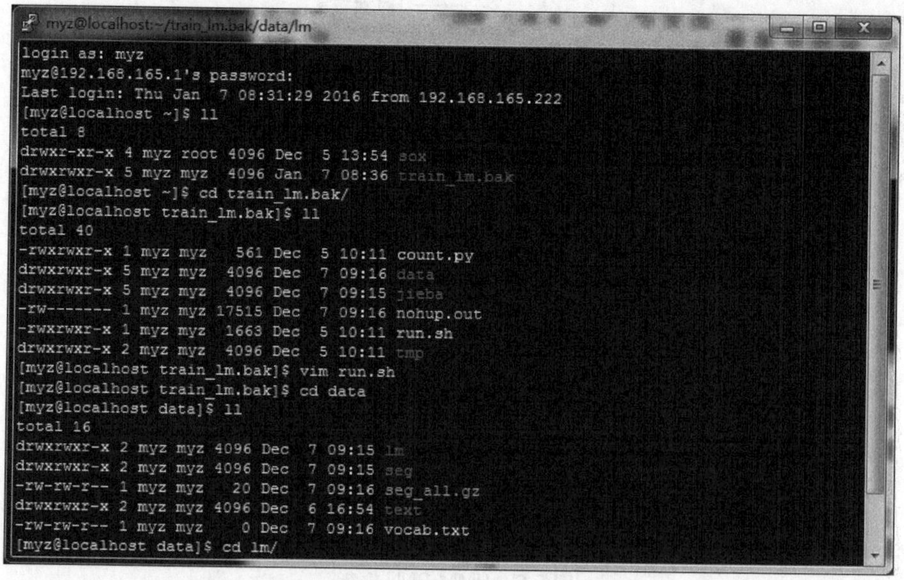

```
myz@localhost:~/train_lm.bak/data/lm
login as: myz
myz@192.168.165.1's password:
Last login: Thu Jan  7 08:31:29 2016 from 192.168.165.222
[myz@localhost ~]$ ll
total 8
drwxr-xr-x 4 myz root 4096 Dec  5 13:54 sox
drwxrwxr-x 5 myz myz  4096 Jan  7 08:36 train_lm.bak
[myz@localhost ~]$ cd train_lm.bak/
[myz@localhost train_lm.bak]$ ll
total 40
-rwxrwxr-x 1 myz myz   561 Dec  5 10:11 count.py
drwxrwxr-x 5 myz myz  4096 Dec  7 09:16 data
drwxrwxr-x 5 myz myz  4096 Dec  7 09:15 jieba
-rw------- 1 myz myz 17515 Dec  7 09:16 nohup.out
-rwxrwxr-x 1 myz myz  1663 Dec  5 10:11 run.sh
drwxrwxr-x 2 myz myz  4096 Dec  5 10:11 tmp
[myz@localhost train_lm.bak]$ vim run.sh
[myz@localhost train_lm.bak]$ cd data
[myz@localhost data]$ ll
total 16
drwxrwxr-x 2 myz myz 4096 Dec  7 09:15 lm
drwxrwxr-x 2 myz myz 4096 Dec  7 09:15 seg
-rw-rw-r-- 1 myz myz   20 Dec  7 09:16 seg_all.gz
drwxrwxr-x 2 myz myz 4096 Dec  6 16:54 text
-rw-rw-r-- 1 myz myz    0 Dec  7 09:16 vocab.txt
[myz@localhost data]$ cd lm/
```

图 5-7 查看 LM 模型

5.4 Kaldi 训练优化

Kaldi 训练声学模型需要较大的硬件资源与网络资源，对于资源相对缺乏的用户来说，优化训练的主要方法可以通过两个方面的手段加以提升，一种是 nnet2 方法；另一种是增加 GPU 以提高计算效率。

5.4.1 Kaldi 声学建模

本书采用 Kaldi 的 nnet2 方法训练俄语声学模型。

HMM-GMM 框架是当前主流的语音识别系统框架。近年来，随着神经网络技术的深入发展，越来越多的系统开始使用 HMM-DNN 框架。该框架用深度神经网络(DNN)替换混合高斯模型(GMM)。Kaldi 中的 nnet2 方法正是采用了 HMM-DNN 框架，该框架的结构如图 5-8 所示。

HMM-DNN 框架显示了 DNN 替代 GMM 在声学模型中的应用。图 5-8 的上半部分是 HMM 的基本结构，其中 HMM 的基本结构和转换概率是由 HMM-GMM 模型训练出来的结果；图 5-8 的中间部分是 DNN 模型，该模型决定了 HMM 的发射概率；通常 DNN 的层数大于 5 层，每层由几千个神经元节点组成；图 5-8 的下半部分

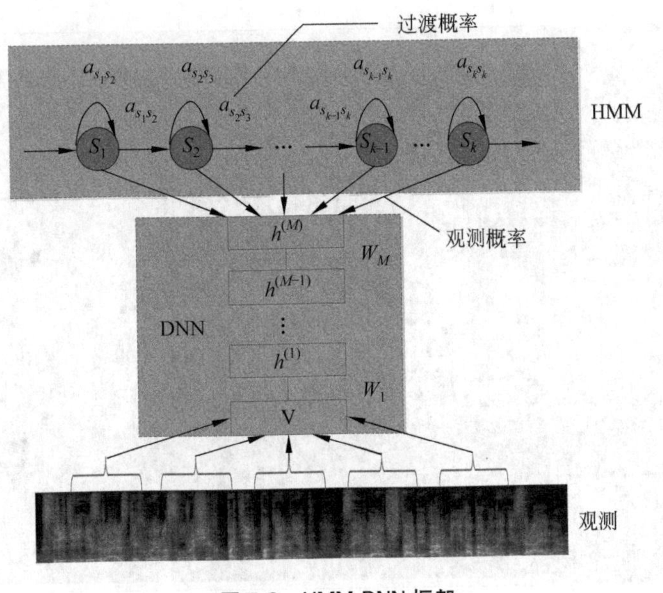

图 5-8 HMM-DNN 框架

是 DNN 模型的多个帧的特征输入；在识别时，一段有效语音被提取成对应的观察值序列，根据 HMM 中的状态计算发射概率，最后选择概率最大的路径作为输出的结构。

根据 HMM-DNN 框架，DNN 声学模型的训练流程如图 5-9 所示。

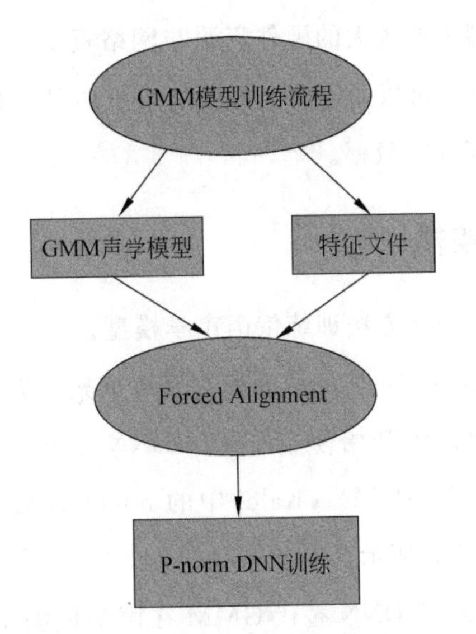

图 5-9 DNN 声学模型训练流程图

在训练 DNN 模型之前，首先要训练一个 HMM-GMM 模型以做到强制对齐(force dalignment)，其结果将作为 DNN 训练的一个样本被提交到 GPU 上再进行 p-norm DNN 训练，最终得到声学模型。

相比早期浅层前馈神经网络的 Hybrid 方法，DNN 模型的 Hybrid 建模方法能够取得巨大成功的原因主要有以下几点。

第一，更深的模型结构带来了模型建模表达能力的提升；第二，更精细的建模精度（DNN 的输出层单元由浅层 MLP 的音素细化到绑定的三音素状态）能够对语音进行更准确的描述；第三，更好的初始训练能够使模型更容易避开局部的最优点；第四，更好的正则化方法（如 dropout 策略）可以提高模型的推广性；第五，更强大的特征分析能力可以提取出语音中更深层的信息；第六，拥有更加灵活的非线性激活形式以及更加强大的计算单元（GPU），可以加快网络的训练时间。

5.4.2　GPU 加速

DNN 训练需要综合使用多种技巧才能缩短训练时间，提高训练效率。常用技巧包括设定神经元的个数，选取不同的网络结构，初始化权重的参数，调整学习率，控制 Mini-batch 等，在实践中需要多次训练调整，反复训练以达到最佳效果。另外，由于 DNN 设置的参数较多、计算量大，训练所需数据规模大，消耗的计算资源也多，为达到训练加速的目的，就需要深度融合多个组合，多调试几组参数，这样会使工作效率得到明显提升，使得超大规模数据量和模型训练任务的完成变为可能。其中，Kaldi 中的 nnet2 算法就支持多个 GPU 的训练。

矢量化编程是提高计算速度的有效方法。对于特定的数据运算操作类型，如矩阵运算中的相乘、相加、矩阵与向量的乘法等非常复杂，为了提升运算速度，研究人员对并行计算和数值计算的方法进行了潜心研究，提出了矢量化编程方法。所谓矢量化编程是指用单一的指令并行操作多条相似的数据，形成单指令流、多数据流的编程泛型。DDN 的多种算法，如 BP 算法、CNN 算法等，都可以改写成矢量化形式。但对于单个 CPU 服务器来说，矢量运算会被展开执行，相当于串行执行。

图形处理器（Graphic Process Units，GPU）采用众核的体系结构，包含成千上万的流处理器，能够将矢量运算并行执行，可以大幅缩短计算时间，提高运算效率。加之 AMD、NVIDIA 等芯片公司不断推动 GPU 的并行架构，通用架构也可以并行运算并在多个方面得到应用。相比单核 CPU 而言，GPU 的众核体系结构在运算速度上几乎提高了上千倍，当前 GPU 的发展基本达到了相对成熟的阶段，其中最大的受益者就是科学计算领域，如金融计算、多体问题等。

充分利用图形处理器对 DNN 训练的数据，不仅能够发挥 GPU 上千计的流处理器性能，而且在面对海量数据的时候还能够大幅度缩短所耗费的时间，占用的服务器资源也会相对减少。若采用一些比较合理的技巧对 DNN 进行合理优化，单核 GPU 即能够拥有相当于上百台 CPU 服务器的运算能力，所以 GPU 在当前的 DNN 训练数据方面已经成为首选的解决方案。本实验环境采用双 GPU 服务器进行数据训练。

5.5 语音识别原型系统的设计

5.5.1 系统 GUI 的设计

本研究所设计的俄语连续语音识别原型系统的主界面如图 5-10 所示。

① 在“识别引擎”下拉列表中选择要使用的引擎，如俄语标准音。

② 单击“录音/识别”按钮可以实现实时的录音和识别功能。

③ 单击“选择目录”按钮可以打开一个对话框，支持批量导入待识别的语音，后台引擎会开始对其进行识别，并将识别结果逐条显示在下方的文本框内。

④ 单击“清空”按钮可以清空文本框中的内容。

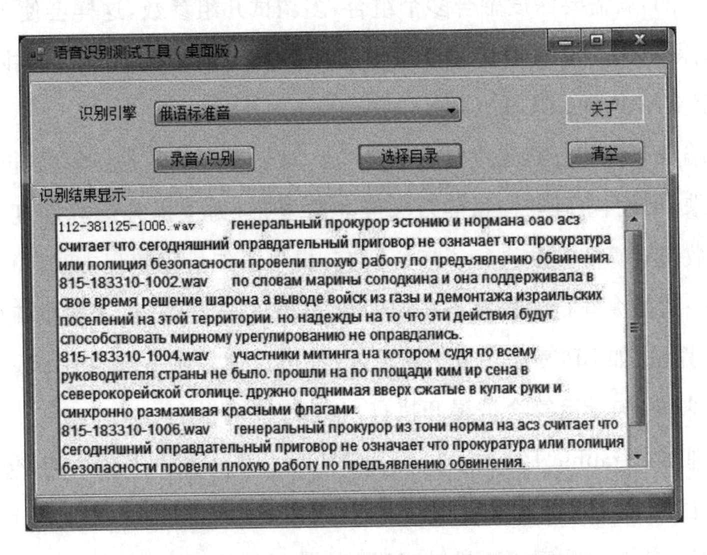

图 5-10 俄语连续语音识别原型系统的主界面

5.5.2 在线识别功能

第 2 章已经建成了用于语音识别训练的俄语语音语料库；第 3 章建成了规模达

72677 个单词的俄语发音词典；第 4 章建成了规模达 10GB 的俄语文本语料库，经过清洗过滤后即可用来训练语言模型；5.3 节已经训练出了俄语声学模型。因此，构建俄语语音识别原型系统的条件已经具备。

1. 安装 gst-kaldi-nnet2-online-master

① 将安装包复制到 kaldi-master/tools 目录下。

② 安装 gstreamer1.0。

```
apt-get install gstreamer1.0-plugins-bad gstreamer1.0-plugins-base
gstreamer1.0-plugins-good gstreamer1.0-pulseaudio gstreamer1.0-plugins-
ugly gstreamer1.0-tools libgstreamer1.0-dev
```

③ 打开 src/。

修改 makefile 中的 KALDI_ROOT 为 KALDI 的安装目录。

```
make depend
make
```

在 gst-kaldi-nnet2-online/src 下生成 libgstkaldionline2.so。

④ 配置环境变量。

```
vi /etc/profile
```

在文件最后一行写入：

```
export GST_PLUGIN_PATH=/home/yanfa/kaldi-master/tools/gst-kaldi-nnet2-
online-master/src/
```

⑤ 测试 gst-kaldi-nnet2-online-master 是否安装成功。

```
gst-inspect-1.0 kaldinnet2onlinedecoder
```

2. 解码资源复制

将 kaldi-gstreamer-server-master 包复制到 kaldi-master/下。

复制 5.3 节训练出来的俄语 LM 和 AM，如图 5-11 所示。

3. 修改配置文件

修改 kaldi-gstreamer-server-master 下的 yaml 配置文件，如 sample_zh_cn_nnet2_6000.yaml，如图 5-12 所示。

4. Server 服务器启动

运行如下程序代码，启动 Server 服务器。

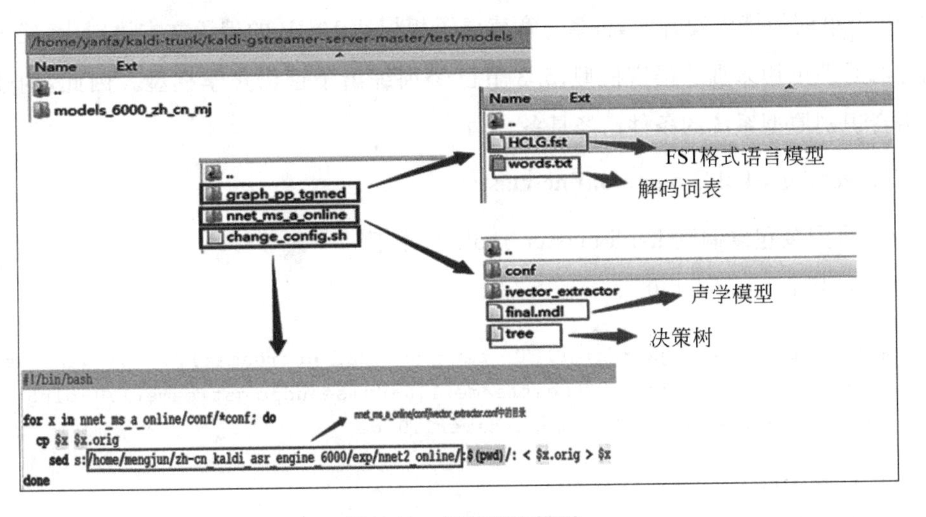

图 5-11 复制语言模型

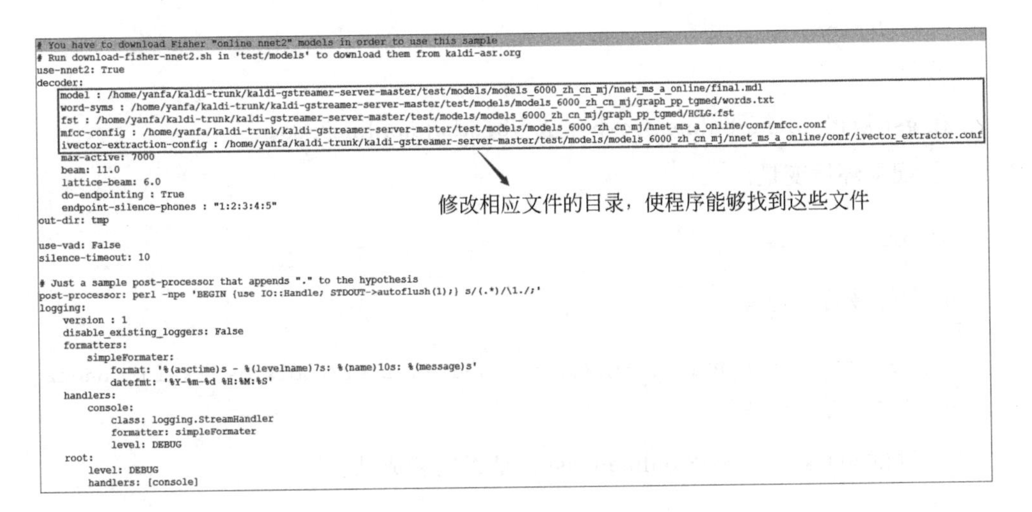
```
# You have to download Fisher "online nnet2" models in order to use this sample
# Run download-fisher-nnet2.sh in 'test/models' to download them from kaldi-asr.org
use-nnet2: True
decoder:
    model : /home/yanfa/kaldi-trunk/kaldi-gstreamer-server-master/test/models/models_6000_zh_cn_mj/nnet_ms_a_online/final.mdl
    word-syms : /home/yanfa/kaldi-trunk/kaldi-gstreamer-server-master/test/models/models_6000_zh_cn_mj/graph_pp_tgmed/words.txt
    fst : /home/yanfa/kaldi-trunk/kaldi-gstreamer-server-master/test/models/models_6000_zh_cn_mj/graph_pp_tgmed/HCLG.fst
    mfcc-config : /home/yanfa/kaldi-trunk/kaldi-gstreamer-server-master/test/models/models_6000_zh_cn_mj/nnet_ms_a_online/conf/mfcc.conf
    ivector-extraction-config : /home/yanfa/kaldi-trunk/kaldi-gstreamer-server-master/test/models/models_6000_zh_cn_mj/nnet_ms_a_online/conf/ivector_extractor.conf
    max-active: 7000
    beam: 11.0
    lattice-beam: 6.0
    do-endpointing : True
    endpoint-silence-phones : "1:2:3:4:5"
out-dir: tmp

use-vad: False
silence-timeout: 10

# Just a sample post-processor that appends "." to the hypothesis
post-processor: perl -npe 'BEGIN {use IO::Handle; STDOUT->autoflush(1);} s/(.*)/\1./;'
logging:
    version : 1
    disable_existing_loggers: False
    formatters:
        simpleFormater:
            format: '%(asctime)s - %(levelname)7s: %(name)10s: %(message)s'
            datefmt: '%Y-%m-%d %H:%M:%S'
    handlers:
        console:
            class: logging.StreamHandler
            formatter: simpleFormater
            level: DEBUG
    root:
        level: DEBUG
        handlers: [console]
```


图 5-12 修改配置文件

```
nohup python kaldigstserver/master_server.py --port=8888 >/dev/null 2>&1 &
nohup python kaldigstserver/worker.py -u ws://localhost:8888/worker/ws/
speech -c sample_zh_cn_nnet2.yaml >/dev/null 2>&1 &
```

在硬件许可的情况下可以并行启动多个 worker 工作。

5. 服务器端测试

有两种测试方式。

```
Curl-T test/data/185-1105-1015.wav
http://192.168.165.3/client/dynamic/recognize
Python kaldigstserver/client.py -r 32000 test/data/185-1105-1015.wav
```

至此，GStreamer ASR Server 搭建成功，可以对语音文件进行离线识别和在线识别。

在 Kaldi 的工具集中有多个程序可以用于在线识别，这些程序都位于 src/onlinebin 文件夹中，它们是由 src/online 文件夹中的文件编译而成的（可以用 makeext 命令进行编译）。这些程序大多还需要 tools 文件夹中的 portaudio 库文件支持，portaudio 库文件可以使用 tools 文件夹中的相应脚本下载安装。

其中，online-gmm-decode-faster 为从麦克风中读取语音，并将识别结果输出到控制台，这就是在线识别。在线识别适合实时性较强的识别，对语言的输入时长要求比较低。

俄语在线识别原型系统的界面如图 5-13 所示。

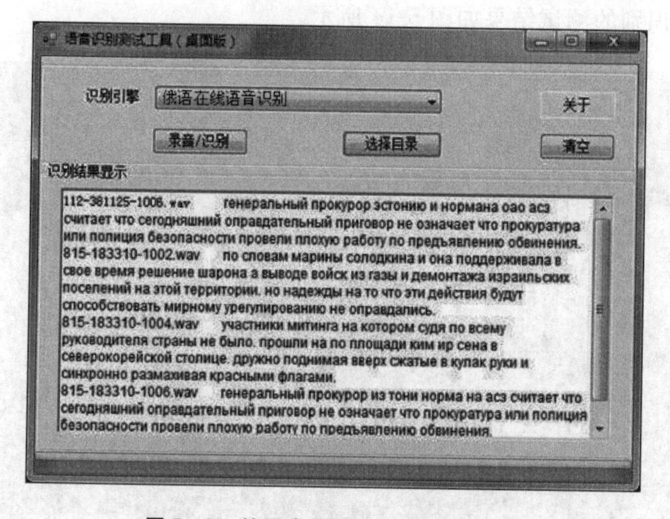

图 5-13　俄语在线语音识别原型系统

其中，在“识别引擎”下拉列表中选择“俄语在线语音识别”，单击“录音/识别”按钮可以实现实时麦克风的语音录制，再次单击后识别结果会返回下方的文本框中。单击“选择目录”按钮可以实现对选定目录下的语音进行批量识别，识别结果会返回下方的文本框中。单击“清空”按钮可以清空当前文本框中的内容。

5.5.3　离线识别功能

offline-wav-gmm-decode-faster 用来读取 wav 文件列表中的语音，并将识别结果以指定格式输出，此种方式称为离线识别。离线识别比较适合实时性要求不强的识别，对测试语音的时长要求不高，一般不超过 1 小时。

离线语音识别系统主要通过 Putty 工具进行远程登录，向服务器端发送远程命令，提交测试语音文件，服务器计算后向客户端返回识别结果，过程如下。

① 使用 Putty 远程登录服务器。

② 选择要识别训练的语音文件。

③ 执行如下命令，启动一个 worker。

```
nohup python kaldigstserver/worker.py - u ws://localhost:8888/worker/ws/
speech -c sample_zh_cn_nnet2.yaml >/dev/null 2>&1 &
```

④ 执行如下命令，测试一个语音文件的识别效果。

```
python kaldigstserver/client.py -r 32000 815-18130-1002.wav
```

离线语音识别的测试结果如图 5-14 所示。

图 5-14 离线语音识别的测试结果

5.6　实验设计与结果分析

5.6.1　实验设计

本书设计的原型系统通过 C/S 模式进行实验验证，其中，服务器端运行 Ubuntu 14.0 操作系统，客户端运行 Windows 7 操作系统，系统 GUI 运行在客户端，通过用户操作向服务器端提交识别任务，经服务器端运算后向客户端的 GUI 识别结果显示区返回结果。

系统中的声学模型是由 5.3.3 节中由 HMM-DNN 方法经优化后训练出来的 final.mdl，大小约为 59.7MB。语言模型由 5.3.4 节中采用 Katz、KN 算法平滑后训练出来的四元模型，大小约为 5.1GB，解码词表大小约为 15 万个词。识别实验数据采用第 2 章加工处理的基于标注的新闻语料，训练集约为 350 小时的语音数据，测试集约为 10 小时的语音数据。待测试的语音文件均以 wav 格式保存，采样频率为 256kbps，采样精度为 16b，如图 5-15 所示。

名称	类型	比特率	修改日期	大小
183-381125-8011.wav	Windows音频	256kbps	2014/2/17 17:22	459 KB
183-381125-8012.wav	Windows音频	256kbps	2014/2/17 17:22	411 KB
183-381125-8013.wav	Windows音频	256kbps	2014/2/17 17:22	489 KB
183-381125-8014.wav	Windows音频	256kbps	2014/2/17 17:22	417 KB
183-381125-8015.wav	Windows音频	256kbps	2014/2/17 17:22	427 KB
183-381125-8016.wav	Windows音频	256kbps	2014/2/17 17:22	451 KB
815-183310-1001.wav	Windows音频	256kbps	2014/2/17 17:31	555 KB
815-183310-1002.wav	Windows音频	256kbps	2014/2/17 17:31	643 KB
815-183310-1003.wav	Windows音频	256kbps	2014/2/17 17:31	589 KB
815-183310-1004.wav	Windows音频	256kbps	2014/2/17 17:31	663 KB
815-183310-1005.wav	Windows音频	256kbps	2014/2/17 17:31	535 KB

图 5-15　采样结果

5.6.2　实验结果

根据实验设计方案，进行以下两种对比测试：HMM-GMM 与 HMM-DNN 识别结果的比较、语音数据规模与 DNN 的关系。

1. HMM-GMM 与 HMM-DNN 识别结果的比较

俄语声学模型采用两种不同的方法进行训练，得到的结果不尽相同。总体来讲，HMM-DNN 的训练所需要的时间比较长，但准确率较高，HMM-GMM 的训练所需要的时间相对较短，但准确率较低。

在语言模型、解码词典和测试集相同的条件下，比较 HMM-GMM(基线系统)和 HMM-DNN(nnet2)两种声学建模方法的识别结果，如表 5-8 所示。

表 5-8　AM 训练方法与训练数据时长的对比

AM 训练方法		AM 训练数据时长(350 小时)
HMM-GMM(基线系统)	训练时间	12 小时 38 分钟
	WER	19.8%
HMM-DNN(nnet2)	训练时间	96 小时 09 分钟
	WER	15.39%

2. 语音数据规模与 DNN 的关系

随着语音数据规模的增大，使用 DNN 训练所需的时长会大幅增加，分别以 100、200、300、350 小时为训练数据，结果如表 5-9 所示。

表 5-9　语音数据规模与 DNN 关系的对比

AM 训练方法		AM 训练数据时长			
		100 小时	200 小时	300 小时	350 小时
nnet2	训练时间	20 小时 17 分钟	64 小时 54 分钟	85 小时 28 分钟	96 小时 09 分钟
	WER	24.1%	19.3%	17.8%	15.39%

5.6.3 结果分析

1. HMM-GMM 与 HMM-DNN 识别结果的比较

从表 5-8 中可以看出，基于 HMM-DNN(nnet2)的方法的训练时间比 HMM-GMM(基线系统)长，训练 350 小时的语音语料需要用时 96 小时左右，但是 WER 有了明显的改善，WER 由基线系统的 19.8%下降到了 15.39%，因此将 DNN 用于声学模型训练可以获得较好的识别效果。

2. 语音数据规模与 DNN 的关系

从表 5-9 中可以看出，随着语音语料规模的增加，所需的训练时间大幅增加，由 100 小时语料的训练时间 20 小时增加到 350 小时语料的 96 小时左右，由于训练的难度增加了，DNN 训练方法所需的时间较长，但是 WER 不断降低，由 100 小时的 24.1%下降到了 350 小时的 15.39%，因此语音数据规模的增长虽然需要的时间比较长，但是能够带来比较可观的识别准确率。

本章小结

本章首先基于 Kaldi 搭建了实验环境，并在此平台上进行了二次开发，明确了俄语连续语音识别原型系统的开发环境及整体架构，设计了 GUI 界面，描述了系统的在线识别功能和离线识别功能，对前文所述的模型和算法的编码实现进行了验证。其次，对俄语连续语音识别原型系统进行了一系列实验验证，主要包括声学和语言模型的训练、识别结果的分析。最后，明确了实验设计、实验数据准备、实验流程及评价方法；在实验分析部分阐明了本书所述算法与相关模型的科学性。实验结果表明，本研究达到了预期的目标，初步实现了从理论研究到实践应用的转化。

第6章 总结与展望

6.1 本书的主要成果

本书综合运用语音识别的基本原理和方法，分析和探讨了俄语大词汇量连续语音识别过程中面临的关键问题和实验数据资源建设问题，包括大规模语音语料库的建设方法、语音语料库的加工处理等方法、超大规模文本语料库的建设及数据清洗过滤的方法、基于数据驱动的发音词典的生成方法等，设计和建立了俄语声学模型训练的音素集，搭建了基于校园网的语音标注平台，设计和建立了网络文本语料过滤清洗系统，设计并实现了基于 Kaldi 的具有在线识别和离线识别功能的俄语连续语音识别原型系统，并对系统的性能进行了验证。

具体而言，本研究取得的主要成果如下。

① 建成了俄语语音识别语音语料库和文本语料库。语音语料库包含 360 小时的带标注语音语料，语音内容包括整句和数字串等；文本语料库规模达 10GB，采集来源主要是通用领域的俄罗斯境内俄语网站上的新闻类语料和 Twitter 上的消息类语料。

② 建立了俄语发音词典。发音词典是俄语连续语音识别系统的核心资源，是俄语转写为相应俄语标准发音的基础，该词典包含 76277 个词形。

③ 设计和研发了基于众包的俄语语音标注平台。语音语料的标注始终是研究者面临的主要难题，实现海量语音的标注并在有限的时间内提高工作效率是研究者关注的焦点。基于众包的标注平台实现了海量语音数据的快速有效标注，节省了研究者的时间，提高了工作效率。

④ 设计和研发了面向俄语文本的过滤清洗系统。由于网络上的文本结构复杂多变，从众多不规则结构中提取出统一格式的文本并把其中的噪声去除，才能生成语言模型训练所需的文本语料。本书开发的过滤清洗系统的功能是实现对从 Web 爬取的

俄语文本进行过滤清洗以去除噪声，达到可以进行语言模型训练的标准。

⑤ 设计了俄语语音识别音素集和字音转换规则，降低了声学模型的训练难度，提高了俄语声学模型的训练效率，基于数据驱动的方式，采用 Phonetisaurus 和 Sequitur 两种算法对比验证了有效性。

⑥ 分析和研究了语言模型的优化算法，采用 KN、Katz 平滑技术和 REP 语言模型剪枝算法，优化验证在 WER 基本不变的情况下降低语言模型的规模。

⑦ 基于 Kaldi 建立俄语连续语音识别原型系统。在训练声学模型、语言模型和发音词典的基础上，通过编写代码实现俄语语音的在线识别功能和离线识别功能，在一定程度上填补了中国俄语语音识别研究领域的空白，能够为特定领域的俄语语音识别应用系统的研发提供理论与技术支撑。

6.2 未来的研究计划

俄语作为中国的重要战略语言之一，俄语自动语音识别研究对于中国国防信息安全具有十分重要的意义。本研究虽然取得了一些探索性的实验成果，但尚需进一步提高系统的实用化程度。下一步拟开展如下几个方面的工作。

① 不断扩大俄语语音库和文本库的规模，广泛采集和标注更多发音人、更大规模的实证语料数据，持续优化俄语声学模型和语言模型。

② 深化俄语语音学和计算音系学的基础理论研究，为俄语连续语音识别原型系统的升级改造寻找新机理和新方法。

③ 加强对双向递归神经网络(Recurrent Neural Network，RNN)、深度卷积神经网络(Convolutiona Neural Network，CNN)等新技术的消化和吸收，逐步提升俄语连续语音识别原型系统的性能指标。

附录A 英汉术语对照表

A/D(Analog /Digital,模拟数字转换)

AM(Acoustic Model,声学模型)

ANN(Artificial Neural Network,人工神经网络)

ASCII(American Standard Code for Information Interchange,美国标准信息交换代码)

ASR(Automatic Speech Recognition,自动语音识别技术)

AT&T(American Telephone & Telegraph,美国电话电报公司)

BOM(Byte Order Mark,字节顺序标记)

BP(Back Propagation,多层前馈网络)

CCP(Count Cutoff Pruning,次数截断剪枝)

CE(Cross Entropy,交叉熵)

CMS(Cepstrum Mean Subtraction,倒谱均值减)

CMU(Carnegie Mellon University,卡内基·梅隆大学)

CUDA(Compute Unified Device Architecture,通用并行计算架构)

DCT(Discrete Cosine Transform,离散余弦变换)

DNN(Deep Neural Network,深度神经网络)

FFT(Fast Fourier Transformation,快速傅里叶变换)

G2P(Grapheme-to-Phoneme,字素到音素转换)

GMM(Gaussian Mixture Mode,高斯混合模型)

GPU(Graphics Processing Unit,图形处理器)

GUI(Graphical User Interface,图形用户界面)

HMM(Hidden Markov Model,隐马尔可夫模型)

HTK(Hidden markov model Tool Kit,隐马尔可夫模型工具包)

IPA(International Phonetic Alphabet,国际音标)

JSON(JavaScript Object NotationJavaScript,对象表示法)

KN(Kneser-Ney,KN 平滑算法)

LDA(Latent Dirichlet Allocation,文档主题生成模型)

LM(Language Model,语言模型)

LVCSR(Large Vocabulary Continous Speech Recognition,大词汇量连续语音识别)

MAP(Maximum A Posteriori,最大后验概率)

MFCC(Mel-scale Frequency Cepatral Coefficients,梅尔频率倒谱系数)

MIT(Massachusetts Institute of Technology,麻省理工学院)

MLE(Maximum Likelihood Estimation,最大似然估计)

MLLR(Maximum Likelihood Linear Regression,最大似然线性回归)

NIST(National Institute of Standards and Technology,美国国家标准与技术研究院)

PCM(Pulse Code Modulation,脉冲编码调制)

PM(Project Management,项目管理)

REP(Relative Entropy Pruning,相对熵剪枝)

SAMPA(SAM Phonetic Alphabet,SAM 音素表)

SNR(Signal Noise Ratio,信噪比)

SRI(Stanford Research Institute,斯坦福研究院)

SRILM(The SRI Language Modeling Toolkit,SRI 语言模型工具)

UTF-8(8-bit Unicode Transformation Format,8 位国际编码转换格式)

WDP(Weighted Difference Pruning,权重差剪枝)

WER(Word Error Rate,字错误率)

附录 B 其他相关资料

B.1 俄语发音词典(76277 个词形)示例

```
D:\语料库\俄语文本语料库\ru-词典.lex - Notepad++ [Administrator]
文件(F) 编辑(E) 搜索(S) 视图(V) 格式(M) 语言(L) 设置(T) 宏(O) 运行(R) 插件(P) 窗口(W) ?
20151021031621_78.json | interfax_2014_2015.json | ru-词典.lex
68826 тренировал t r' i n' i r a v a l
68827 тренировали t r' i n' i r a v a l' i
68828 тренированный t r' e n' i r o v a n 1 j
68829 тренироваться t r' i n' i r a v a t_s a
68830 тренировкам t r' i n' i r o f k a m
68831 тренировками t r' i n' i r o f k a m' i
68832 тренировках t r' i n' i r o f k a x
68833 тренировке t r' i n' i r o f k' i
68834 тренировки t r' i n' i r o f k' i
68835 тренировки(1) t r' e n' i r o f k' i
68836 тренировкой t r' i n' i r o f k a j
68837 тренировку t r' i n' i r o f k u
68838 тренировок t r' i n' i r o v a k
68839 тренировочного t r' i n' i r o v a tS' n a v a
68840 тренировочном t r' i n' i r o v a tS' n a m
68841 тренировочную t r' i n' i r o v a tS' n u j u
68842 тренировочные t r' i n' i r o v a tS' n 1 i
68843 тренировочный t r' i n' i r o v a tS' n 1 j
68844 тренировочных t r' i n' i r o v a tS' n 1 x
68845 тренируется t r' i n' i r u j i t_s a
68846 трения t r' e n' i j a
68847 треноги t r i n o g' i
68848 трепал t r e p a l
68849 трепанацию t r i p a n a ts 1 j u
68850 трепанация t r' i p a n a ts 1 j a
68851 трепещи t r' i p' e S': i
68852 треск t r' e s k
68853 треснувшего t r e s n u f S 1 v a
68854 треснул t r' e s n u l
68855 третей t r' i t' e j
68856 третейским t r' i t' e j s k' i m
68857 трети t r' e t' i
68858 третий t r' e t' i j
68859 трется t r' e t_s a
68860 треть t r' e t'
68861 третье t r' e t' j i
68862 третье-пятое t r' e t' j i p' a t a j i
68863 третье-четвертое t r' e t' j i tS' i t v' i r t a j i
68864 третьего t r' e t' j i v a
68865 третьей t r' e t' j i j
68866 третьеклассника t r' i t' j i k l a s' s' n' i k a
68867 третьем t r' e t' j i m
68868 третьему t r' e t' j i m u
68869 третьепятое t r' e t' j i p' a t a j i
length : 3023298  li Ln : 76277  Col : 6  Sel : 0 | 0  Dos\Windows  UTF-8  INS
```

B.2 俄语解码词表(189971 个词形)示例

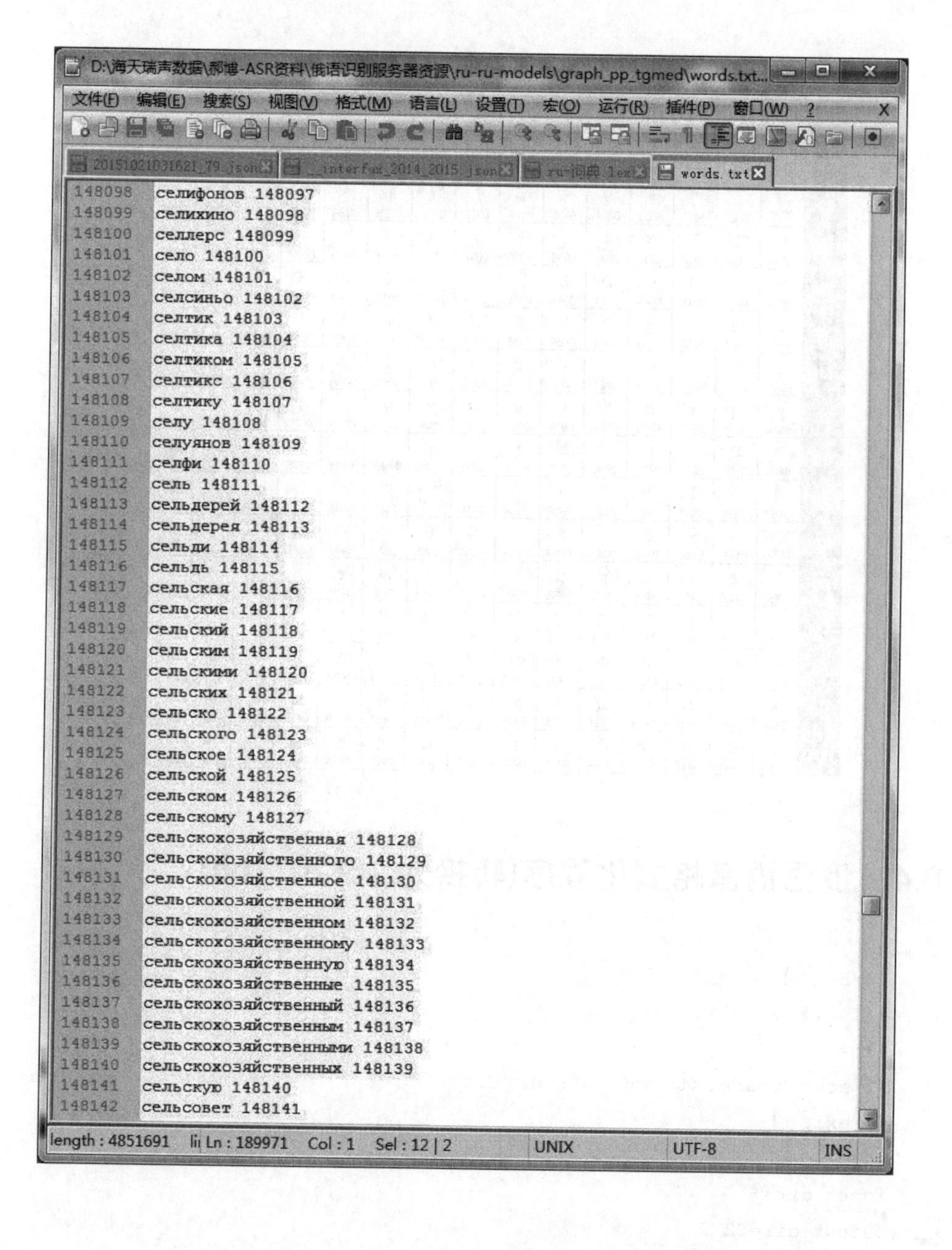
D:\海天瑞声数据\郝博-ASR资料\俄语识别服务器资源\ru-ru-models\graph_pp_tgmed\words.txt...
文件(F) 编辑(E) 搜索(S) 视图(V) 格式(M) 语言(L) 设置(T) 宏(O) 运行(R) 插件(P) 窗口(W) ?
20151021031621_79.json | _interfax_2014_2015.json | ru-词典.lex | words.txt

```
148098 селифонов 148097
148099 селихино 148098
148100 селлерс 148099
148101 село 148100
148102 селом 148101
148103 селсиньо 148102
148104 селтик 148103
148105 селтика 148104
148106 селтиком 148105
148107 селтикс 148106
148108 селтику 148107
148109 селу 148108
148110 селуянов 148109
148111 селфи 148110
148112 сель 148111
148113 сельдерей 148112
148114 сельдерея 148113
148115 сельди 148114
148116 сельдь 148115
148117 сельская 148116
148118 сельские 148117
148119 сельский 148118
148120 сельским 148119
148121 сельскими 148120
148122 сельских 148121
148123 сельско 148122
148124 сельского 148123
148125 сельское 148124
148126 сельской 148125
148127 сельском 148126
148128 сельскому 148127
148129 сельскохозяйственная 148128
148130 сельскохозяйственного 148129
148131 сельскохозяйственное 148130
148132 сельскохозяйственной 148131
148133 сельскохозяйственном 148132
148134 сельскохозяйственному 148133
148135 сельскохозяйственную 148134
148136 сельскохозяйственные 148135
148137 сельскохозяйственный 148136
148138 сельскохозяйственным 148137
148139 сельскохозяйственными 148138
148140 сельскохозяйственных 148139
148141 сельскую 148140
148142 сельсовет 148141
```

length : 4851691 Ln : 189971 Col : 1 Sel : 12 | 2 UNIX UTF-8 INS

B.3 俄语字符 Unicode 编码对照表

	00	01	02	03	04	05	06	07	08	09	0A	0B	0C	0D	0E	0F
00	NUL 0000	STX 0001	SOT 0002	ETX 0003	EOT 0004	ENQ 0005	ACK 0006	BEL 0007	BS 0008	HT 0009	LF 000A	VT 000B	FF 000C	CR 000D	SO 000E	SI 000F
10	DLE 0010	DC1 0011	DC2 0012	DC3 0013	DC4 0014	NAK 0015	SYN 0016	ETB 0017	CAN 0018	EM 0019	SUB 001A	ESC 001B	FS 001C	GS 001D	RS 001E	US 001F
20	SP 0020	! 0021	" 0022	# 0023	$ 0024	% 0025	& 0026	' 0027	(0028	) 0029	* 002A	+ 002B	, 002C	- 002D	. 002E	/ 002F
30	0 0030	1 0031	2 0032	3 0033	4 0034	5 0035	6 0036	7 0037	8 0038	9 0039	: 003A	; 003B	< 003C	= 003D	> 003E	? 003F
40	@ 0040	A 0041	B 0042	C 0043	D 0044	E 0045	F 0046	G 0047	H 0048	I 0049	J 004A	K 004B	L 004C	M 004D	N 004E	O 004F
50	P 0050	Q 0051	R 0052	S 0053	T 0054	U 0055	V 0056	W 0057	X 0058	Y 0059	Z 005A	[005B	\ 005C	] 005D	^ 005E	_ 005F
60	` 0060	a 0061	b 0062	c 0063	d 0064	e 0065	f 0066	g 0067	h 0068	i 0069	j 006A	k 006B	l 006C	m 006D	n 006E	o 006F
70	p 0070	q 0071	r 0072	s 0073	t 0074	u 0075	v 0076	w 0077	x 0078	y 0079	z 007A	{ 007B	| 007C	} 007D	~ 007E	DEL 007F
80	Ђ 0402	Ѓ 0403	‚ 201A	ѓ 0453	„ 201E	… 2026	† 2020	‡ 2021	€ 20AC	‰ 2030	Љ 0409	‹ 2039	Њ 040A	Ќ 040C	Ћ 040B	Џ 040F
90	ђ 0452	‘ 2018	’ 2019	“ 201C	” 201D	• 2022	– 2013	— 2014		™ 2122	љ 0459	› 203A	њ 045A	ќ 045C	ћ 045B	џ 045F
A0	NBSP 00A0	Ў 040E	ў 045E	Ј 0408	¤ 00A4	Ґ 0490	¦ 00A6	§ 00A7	Ё 0401	© 00A9	Є 0404	« 00AB	¬ 00AC	- 00AD	® 00AE	Ї 0407
B0	° 00B0	± 00B1	І 0406	і 0456	ґ 0491	µ 00B5	¶ 00B6	· 00B7	ё 0451	№ 2116	є 0454	» 00BB	ј 0458	Ѕ 0405	ѕ 0455	ї 0457
C0	А 0410	Б 0411	В 0412	Г 0413	Д 0414	Е 0415	Ж 0416	З 0417	И 0418	Й 0419	К 041A	Л 041B	М 041C	Н 041D	О 041E	П 041F
D0	Р 0420	С 0421	Т 0422	У 0423	Ф 0424	Х 0425	Ц 0426	Ч 0427	Ш 0428	Щ 0429	Ъ 042A	Ы 042B	Ь 042C	Э 042D	Ю 042E	Я 042F
E0	а 0430	б 0431	в 0432	г 0433	д 0434	е 0435	ж 0436	з 0437	и 0438	й 0439	к 043A	л 043B	м 043C	н 043D	о 043E	п 043F
F0	р 0440	с 0441	т 0442	у 0443	ф 0444	х 0445	ц 0446	ч 0447	ш 0448	щ 0449	ъ 044A	ы 044B	ь 044C	э 044D	ю 044E	я 044F

B.4 俄语语音格式化程序(转换为 16KB、16b)

```
#!/bin/sh
#if [ $#<2 ]
#then
#   echo "usage: $0 input_dir out_dir"
#   exit
#fi
input_dir=$1
output_dir=$2
ls -1 $input_dir|while read line
do
echo $line
    #sox $input_dir/$line $output_dir/$line remix 1
```

```
    sox $input_dir/$line -r 16000 $output_dir/$line
done
```

B.5 俄语文本转 Unicode 编码程序

```
#include <iostream>
#include <map>
#include <string>
#include <TCHAR.h>
using namespace std;
#define UNICODE
main()
{
const TCHAR* Rus[] =
{
"\6Главноеменю", /* 0 */
"\6ручниск", /* 1 */
"\6сисвки", /* 2 */
"\6НастТВ", /* 3 */
"\6устака  меню", /* 4 */
"\6Роди"
"нтроль", /* 5 */
"\6редакдиророг", /* 6 */
"\6Список  пр", /* 7 */
"\6состояние  ресивера", /* 8 */
"\6Споиск",
"\6Скае  канала",
"\6УСТЕМЕНИ",
"Language  Set", /* 12 */
};
    TCHAR ruArray[] ={'\6',' ','А','Б','В','Г','Д','Е','Ё','Ж','З','И',
'Й','К','Л','М','Н','О','П','Р','С','Т','У','Ф','Х','Ц','Ч','Ш','Щ',
'Ъ','Ы','Ь','Э','Ю','Я','а','б','в','г','д','е','ё','ж','з','и','й','к',
'л','м','н','о','п','р','с','т','у','ф','х','ц','Ч','ш','щ','ъ','ы','ь',
'э','ю','я'};
    string ruUTFArray [] = { "0x01","0x20","0xb0","0xb1","0xb2","0xb3",
"0xb4","0xb5","0xa1","0xb6","0xb7","0xb8","0xb9","0xba","0xbb","0xbc",
"0xbd","0xbe","0xbf","0xc0","0xc1","0xc2","0xc3","0xc4","0xc5","0xc6",
"0xc7","0xc8","0xc9","0xca","0xcb","0xcc","0xcd","0xce","0xcf","0xd0",
"0xd1","0xd2","0xd3","0xd4","0xd5","0xf1","0xd6","0xd7","0xd8","0xd9",
"0xda","0xdb","0xdc","0xdd","0xde","0xdf","0xe0","0xe1","0xe2","0xe3",
```

```
"0xe4","0xe5","0xe6","0xe7","0xe8","0xe9","0xea","0xeb","0xec","0xed",
"0xee","0xef"};
map<TCHAR, string>encodeMap;
for(int i=0;i<(int)(sizeof(ruArray)/sizeof(TCHAR));++i)
    {
pair<TCHAR,string>temp;
    temp.first =ruArray[i];
    temp.second =ruUTFArray[i];
encodeMap.insert(temp);
    }
map<TCHAR,string>::iterator it;
for(int k=0;k<=12;k++)
    {

for(int j=0;j<=strlen(Rus[k]);j+=2)
    {
        TCHAR tem =Rus[k][j];
string tem1 =encodeMap[Rus[k][j]];
if (tem1 =="0xa1")
        {
j-=1;
cout<<"0x20";
        }
else if(tem>=0)
        {
if( tem =='\6' )
        {
cout<<"0x01";
        }
else
        {
cout<<tem;
j-=1;
        }
        }
else
cout<<encodeMap[Rus[k][j]];
    }
cout<<endl;
    }
}
```

B.6 从 https: //twitter.com 网站上下载的部分网页文件(json 格式)示例

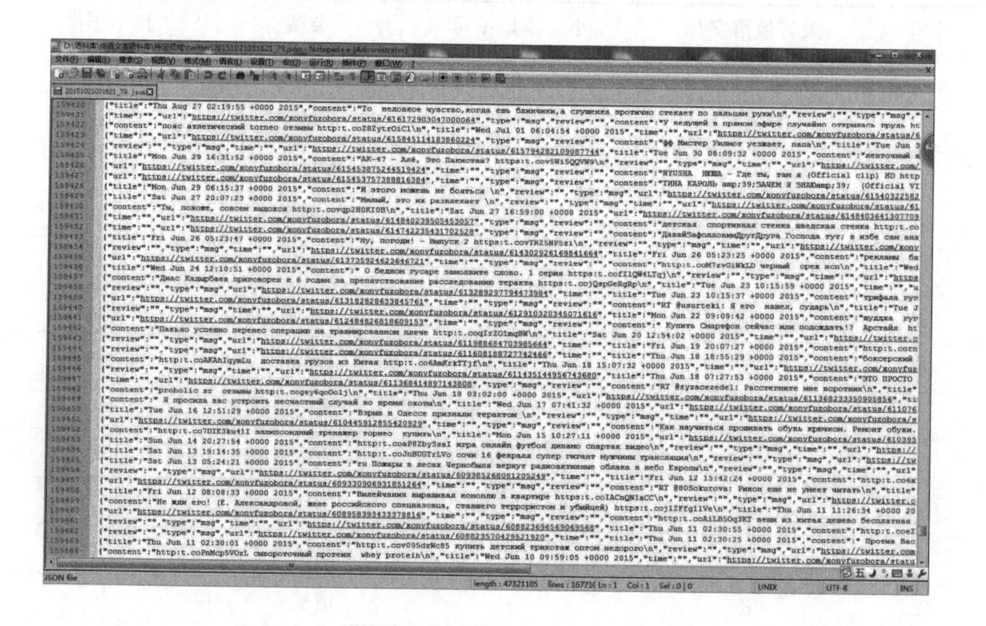

B.7 从 http: //www.interfax.ru 网站上下载的部分网页文件(json 格式)示例

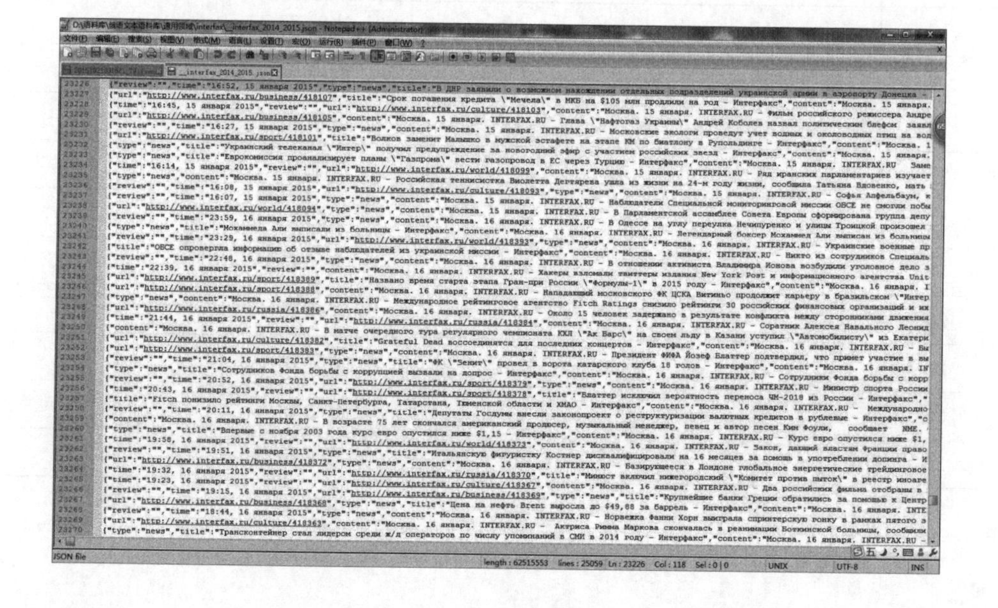

B.8 俄语拉丁字母转写表

序号	大写俄语字母	小写俄语字母	类型	拉丁字母
1	А	а	元音	a
2	Б	б	浊辅音	b
3	В	в	浊辅音	v
4	Г	г	浊辅音	g
5	Д	д	浊辅音	d
6	Е	е	元音	e 或 ye
7	Ё	ё	元音	yo
8	Ж	ж	浊辅音	zh
9	З	з	浊辅音	z
10	И	и	元音	i
11	Й	й	浊辅音	j
12	К	к	清辅音	k
13	Л	л	浊辅音	l
14	М	м	浊辅音	m
15	Н	н	浊辅音	n
16	О	о	元音	o
17	П	п	浊辅音	p
18	Р	р	浊辅音	r
19	С	с	清辅音	s
20	Т	т	清辅音	t
21	У	у	元音	u
22	Ф	ф	清辅音	f
23	Х	х	清辅音	kh
24	Ц	ц	清辅音	ts
25	Ч	ч	清辅音	ch
26	Ш	ш	清辅音	sh
27	Щ	щ	清辅音	shch

续表

序号	大写俄语字母	小写俄语字母	类型	拉丁字母
28	Ъ	ъ		
29	Ы	ы	元音	y
30	Ь	ь		
31	Э	э	元音	e
32	Ю	ю	元音	yu 或 iu
33	Я	я	元音	ya 或 ia

参考文献

[1] Akbacak M, Vergyri D., Stolcke A. Open-vocabulary Spoken Term Detection Using Graphone-based Hybrid Recognition Systems[C]//Acoustics, Speech and Signal Processing, 2008. Icassp 2008. IEEE International Conference on, [S. l.]: IEEE, 2008: 5240-5243.

[2] Allahbakhsh M, Benatallah B, Ignjatovic A, et al. Quality Control in Crowdsourcing Systems: Issues and Directions [J]. IEEE Internet Computing, 2013, 17(2): 76-81.

[3] Allauzen C, Mohri M, Saraclar M. General Indexation of Weighted Automata: Application to Spoken Utterance Retrieval[C]//Proceedings of the Workshop on Interdisciplinary Approaches to Speech Indexing and Retrieval at Hlt-naacl 2004, [S. l.]: Association for Computational Linguistics, 2004: 33-40.

[4] Alonso O, Rose D. E, Stewart B. Crowdsourcing for Relevance Evaluation[C]//Acm Sigir Forum, [S. l.]: Acm, 2008: 9-15.

[5] Arel I, Rose D. C, Karnowski T. P. Deep Machine Learning-a New Frontier in Artificial Intelligence Research [research Frontier][J]. Computational Intelligence Magazine, IEEE, 2010, 5(4): 13-18.

[6] Bengio Y. Learning Deep Architectures for AI [J]. Foundations and Trends in Machine Learning, 2009, 2(1): 1-127.

[7] Berger A. L, Pietra V. J. D, Pietra S. A. D. A Maximum Entropy Approach to Natural Language Processing [J]. Computational Linguistics, 1996, 22(1): 39-71.

[8] Besacier L, Barnard E., Karpov A, et al. Automatic Speech Recognition for Under-resourced Languages: a Survey[J]. Speech Communication, 2014, 56(1): 85-100.

[9] Brown P. F, Desouza P. V, Mercer R. L, et al. Class-based *N*-gram Models of Natural Language [J]. Computational Linguistics, 1992, 18(4): 467-479.

[10] Callison-burch C, Dredze M. Creating Speech and Language Data with Amazon's Mechanical Turk[C]//Proceedings of the Naacl Hlt 2010 Workshop on Creating Speech and Language Data with Amazon's Mechanical Turk, [S. l.]: Association for Computational Linguistics, 2010: 1-12.

[11] Cernocky J, Burget L, Schwarz P, et al. Search in Speech, Language Identification and Speaker Recognition in Speech @ Fit [C]//2007 17th International Conference Radioelektronika, [S. l.]: [s. n.], 2007: 1-6.

[12] Chelba C, Acero A. Position Specific Posterior Lattices for Indexing Speech[C]//Proceedings

of the 43rd Annual Meeting on Association for Computational Linguistics, [S. l.]: Association for Computational Linguistics, 2005: 443-450.

[13] Chen S. F, Goodman J. An Empirical Study of Smoothing Techniques for Language Modeling [C]//Proceedings of the 34th Annual Meeting on Association for Computational Linguistics, [S. l.]: Association for Computational Linguistics, 1996: 310-318.

[14] Comrie B. Diglossia in the Old Russian Period [J]. Southwest Journal of Linguistics, 1991, 10(1): 160-172.

[15] Dahl G. E, Yu D, Deng L, et al. Context-dependent Pre-trained Deep Neural Networks for Large-vocabulary Speech Recognition [J]. Audio, Speech, and Language Processing, IEEE Transactions on, 2012, 20(1): 30-42.

[16] Daniel J, Ward D. The phonetics of Russian [M]. Cambridge University Press, 2010: 1-64.

[17] Davis K, Biddulph R, Balashek S. Automatic Recognition of Spoken Digits [J]. The Journal of the Acoustical Society of America, 1952, 24(6): 637-642.

[18] Deng L. Li. D. An Overview of Deep-Structured Learning for Information Processing [J]. International Journal of Applied Linguistics, 2011, 14(3): 301-313.

[19] ElinekF. Разработка экспериментального устройства, распознающего раздельно произнесенные слова[J]. ТИИЭР, 1985, 73(1): 91-99.

[20] Eskenazi M, Levow G, Meng H, et al. Crowdsourcing for Speech Processing: Applications to Data Collection, Transcription and Assessment [M]. John Wiley & Sons, 2013: 1-331.

[21] Ferguson J. Hidden Markov Analysis: an Introduction[C]//Proceedings of the Symposium on the Applications of Hidden Markov Models to Text and Speech, Ida-crd, Princeton, Nj, 1980: 8-15.

[22] Forgie J. W, Forgie C. D. Results Obtained From a Vowel Recognition Computer Program [J]. The Journal of the Acoustical Society of America, 1959, 31(11): 1480-1489.

[23] Forney Jr G. D. The Viterbi Algorithm [J]. Proceedings of the IEEE, 1973, 61(3): 268-278.

[24] Frederick jelinek. Statistical Methods for Speech Recognition [M]. Mit Press, 1997: 349-352.

[25] Freitas J, Calado A, Braga D, et al. Crowdsourcing Platform for Large-scale SpeechData Collection [J]. Proc. Fala, 2010, 1(1): 183-186.

[26] Fry D. Theoretical Aspects of Mechanical Speech Recognition [J]. Radio Engineers, Journal of the British Institution of, 1959, 19(4): 211-218.

[27] Gales M. J. Maximum Likelihood Linear Transformations for Hmm-based Speech Recognition [J]. Computer Speech & Language, 1998, 12(2): 75-98.

[28] Gauvain J, Lee C. Maximum Posteriori Estimation for Multivariate Gaussian Mixture Observations of Markov Chains [J]. Speech and Audio Processing, IEEE Transactions on, 1994, 2(2): 291-298.

[29] Goodman J, GAO J. Language Model Size Reduction by Pruning and Clustering. [C]// Interspeech, [S. l.]: [s. n.], 2000: 110-113.

[30] Heafield K, Pouzyrevsky I, Clark J. H, et al. Scalable Modified Kneser-ney Language Model Estimation. [C]//Acl (2), [S. l.]: [s. n.], 2013: 690-696.

[31] Hinton G. E, Osindero S, Teh Y. A Fast Learning Algorithm for Deep Belief Nets [J]. Neural Computation, 2006, 18(7): 1527-1554.

[32] Hori T, Hetherington I. L, Hazen T. J, et al. Open-vocabulary Spoken Utterance Retrieval Using Confusion Networks[C]//Acoustics, Speech and Signal Processing, 2007. Icassp 2007. IEEE International Conference on, [S. l.]: IEEE, 2007: 1-73.

[33] Howe J. The Rise of Crowdsourcing [J]. Wired Magazine, 2006, 14(6): 1-4.

[34] Huang C, Shi Y, Zhou J, et al. Segmental Tonal Modeling for Phone Set Design in Mandarin Lvcsr[C]//Acoustics, Speech, and Signal Processing, 2004. Proceedings. (icassp'04). IEEE International Conference on, [S. l.]: IEEE, 2004: 1-91.

[35] Jaitly N, Nguyen P, Senior A. W, et al. Application of Pretrained Deep Neural Networks to Large Vocabulary Speech Recognition. [C]//Interspeech, [S. l.]: [s. n.], 2012: 2578-2581.

[36] Jones D, Ward D. The Phonetics of Russian [J]. The Phonetics OD Russian, 1969, 7(1): 298-301.

[37] Kanda N, Sagawa H, Sumiyoshi T, et al. Open-vocabulary Keyword Detection From Super-large Scale Speech Database[C]//Multimedia Signal Processing, 2008 IEEE 10th Workshop on, [S. l.]: IEEE, 2008: 939-944.

[38] Karpov A, Markov K, Kipyatkova I, et al. Large Vocabulary Russian Speech Recognition Using Syntactico-statistical Language Modeling [J]. Speech Communication, 2014, 56(1): 213-228.

[39] Katz S. M. Estimation of Probabilities from Sparse Data for the Language Model Component of a Speech Recognizer [J]. Acoustics, Speech and Signal Processing, IEEE Transactions on, 1987, 35(3): 400-401.

[40] Kipyatkova I, Karpov A, Verkhodanova V, et al. Modeling of Pronunciation, Language and Nonverbal Units at Conversational Russian Speech Recognition [J]. International Journal of Computer Science and Applications, 2013, 10(1): 11-30.

[41] Kipyatkova I, Karpov A. Lexicon Size and Language Model Order Optimization for Russian Lvcsr[C]//15th International Conference on Speech and Computer, Specom 2013, September

1, 2013-September 5, 2013, [S. l.]: Springer Verlag, 2013: 219-226.

[42] Kipyatkova I, Karpov A. Speech and Computer [M]. Springer, 2013: 219-226.

[43] Kipyatkova I, Karpov A. Speech and Computer [M]. Springer, 2014: 451-458.

[44] Kipyatkova I, Verkhodanova V, Karpov A. Rescoring N-best Lists for Russian Speech Recognition Using Factored Language Models[C]//Proc. 4th International Workshop on Spoken Language Technologies for Under-resourced Languages Sltu-2014, St. Petersburg, Russia, [S. l.]: [s. n.], 2014: 81-86.

[45] Kipyatkova I. S, Karpov A, Verkhodanova V, et al. Modeling of Pronunciation, Language and Nonverbal Units at Conversational Russian Speech Recognition. [J]. Ijcsa, 2013, 10(1): 11-30.

[46] Korenevsky M, Bulusheva A, Levin K. Unknown Words Modeling in Training and Using Language Models for Russian Lvcsr System [J]. Proc. of the Specom, Kazan, Russia, 2011, (1): 144-150.

[47] Lee K, Hon H. Large-vocabulary Speaker-independent Continuous Speech Recognition Using Hmm[C]//Acoustics, Speech, and Signal Processing, 1988. Icassp-88. , 1988 International Conference on, [S. l.]: IEEE, 1988: 123-126.

[48] Lee K. On Large-vocabulary Speaker-independent Continuous Speech Recognition [J]. Speech Communication, 1988, 7(4): 375-379.

[49] Leggetter C. J, Woodland P. C. Maximum Likelihood Linear Regression for Speaker Adaptation of Continuous Density Hidden Markov Models [J]. Computer Speech & Language, 1995, 9(2): 171-185.

[50] Leimeister J. M, Huber M, Bretschneider U, et al. Leveraging Crowdsourcing: Activation-supporting Components for It-based Ideas Competition [J]. Journal of Management Information Systems, 2009, 26(1): 197-224.

[51] Lockwood P, Boudy J. Experiments with a Nonlinear Spectral Subtractor (nss), Hidden Markov Models and the Projection, for Robust Speech Recognition in Cars [J]. Speech Communication, 1992, 11(2): 215-228.

[52] Makarova V. Acoustic Cues of Surprise in Russian Questions [J]. Journal of the Acoustical Society of Japan (e) (English Translation of Nippon Onkyo Gakkaishi), 2000, 21(5): 243-250.

[53] Manning C. D, Schütze H. Foundations of Statistical Natural Language Processing[M]. [S. l.]: Mit Press, 1999: 91-92.

[54] Martin T. B, Nelson A, Zadell H. Speech Recognition By Feature-abstraction Techniques. [R]. [S. l.]: Dtic Document, 1964.

[55] Mohamed A, Dahl G, Hinton G. Deep Belief Networks for Phone Recognition[C]//Nips Workshop on Deep Learning for Speech Recognition and Related Applications, [S. l.]: [s. n.], 2009: 39.

[56] Mohri M, Pereira F, Riley M. Weighted Automata in Text and Speech Processing [J]. Arxiv Preprint Cs/0503077, 2005, 16(8): 3453-3460.

[57] Morgan N, Bourlard H. Continuous Speech Recognition [J]. Signal Processing Magazine, IEEE, 1995, 12(3): 24-42.

[58] Muda L, Begam M, Elamvazuthi I. Voice recognition algorithms using mel frequency cepstral coefficient (MFCC) and dynamic time warping (DTW) techniques[J]. ArXiv preprint arXiv: 1003.4083, 2010.

[59] Neto J, Almeida L, Hochberg M, et al. Speaker-adaptation for hybrid HMM-ANN continuous speech recognition system [J]. 1995.

[60] Olson H. F, Belar H. Phonetic Typewriter [J]. The Journal of the Acoustical Society of America, 1956, 28(6): 1072-1081.

[61] Oparin I, Talanov A. Stem-based Approach to Pronunciation Vocabulary Construction and Language Modeling for Russian[C]//Proc. of 10th Intern. Conf. Specom, Patras, Greece, [S. l.]: [s. n.], 2005: 575-578.

[62] Pan Y, Chang H, Chen B, et al. Subword-based Position Specific Posterior Lattices (s-pspl) for Indexing Speech Information. [C]//Interspeech, [S. l.]: Citeseer, 2007: 318-321.

[63] Povey D, Ghoshal A, Boulianne G, et al. The Kaldi speech recognition tool-kit[C]//IEEE 2011 workshop on automatic speech recognition and understanding. IEEE Signal Processing Society, 2011 (EPFL-CONF-192584).

[64] Povey D. Discriminative training for large vocabulary speech recognition [D]. University of Cambridge, 2005.

[65] Rabiner L. R, Juang B. An Introduction to Hidden Markov Models [J]. Assp Magazine, IEEE, 1986, 3(1): 4-16.

[66] Rabiner L. R, Levinson S. E, Rosenberg A. E, et al. Speaker-independent Recognition of Isolated Words Using Clustering Techniques [J]. Acoustics, Speech and Signal Processing, IEEE Transactions, 1979, 27(4): 336-349.

[67] Reddy D. R. Approach to Computer Speech Recognition by Direct Analysis of the Speech Wave [J]. The Journal of the Acoustical Society of America, 1966, 40(5): 1273-1273.

[68] Ronzhin A, An L, Kagirov I, et al. Morpho-phonetic Tree Decoder for Russian[C]//Proc. of, [S. l.]: [s. n.], 2007: 491-498.

[69] Ronzhin A, Karpov A, Lee I. Automatic System for Russian Speech Recognition Sirius [J].

Scientific-theoretical Journal Artificial Intelligence, Donetsk, Ukraine, 2005, 3(1): 590-601.

[70] Ronzhin A, Karpov A. Large Vocabulary Automatic Speech Recognition for Russian Language[C]//Proc. of Second Baltic Conference on Human Language Technologies, [S. l.]: [s. n.], 2005: 329-334.

[71] Ronzhin A. L, Yusupov R. M, Li I. V, et al. Survey of Russian Speech Recognition Systems [C]//Specom, [S. l.]: Citeseer, 2006: 54-60.

[72] Rosillo Gil V. Automatic Speech Recognition with Kaldi Toolkit [J]. Víctor Rosillo Gil, 2016,2(1): 1-37.

[73] Sakai T, Doshita S. The Phonetic Typewriter. [C]//Ifip Congress, [S. l.]: [s. n.], 1962: 449.

[74] Samuelsson C, Reichl W. A Class-based Language Model for Large-vocabulary Speech Recognition Extracted from Part-of-speech Statistics [C]//Acoustics, Speech, and Signal Processing, 1999. Proceedings. 1999 IEEE International Conference on, [S. l.]: IEEE, 1999: 537-540.

[75] Sankar A, Lee C. A Maximum-likelihood Approach to Stochastic Matching for Robust Speech Recognition [J]. Speech and Audio Processing, IEEE Transactions on, 1996, 4 (3): 190-202.

[76] Savchenko A. V. Phonetic Words Decoding Software in the Problem of Russian Speech Recognition [J]. Automation and Remote Control, 2013, 74(7): 1225-1232.

[77] Schlüter R, Macherey W, Kanthak S, et al. Comparison of Optimization Methods for Discriminative Training Criteria. [C]//Eurospeech, [S. l.]: [s. n.], 1997: 15-18.

[78] Schlüter R, Macherey W. Comparison of Discriminative Training Criteria[C]//Acoustics, Speech and Signal Processing, 1998. Proceedings of the 1998 IEEE International Conference on, [S. l.]: IEEE, 1998: 493-496.

[79] Scholz F. Maximum likelihood estimation [J]. Encyclopedia of Statistical Sciences, 1985.

[80] Seide F, Li G, Yu D. Conversational Speech Transcription Using Context-dependent Deep Neural Networks. [C]//Interspeech, [S. l.]: [s. n.], 2011: 437-440.

[81] Seymore K, Rosenfeld R. Scalable Backoff Language Models[C]//Spoken Language, 1996. Icslp 96. Proceedings. Fourth International Conference on, [S. l.]: IEEE, 1996: 232-235.

[82] Shin E, Stüker S, Kilgour K, et al. Maximum Entropy Language Modeling for Russian Asr [C]//Proceedings of the International Workshop for Spoken Language Translation (iwslt 2013), [S. l.]: [s. n.], 2013: 1-7.

[83] Stolcke A. Entropy-based Pruning of Backoff Language Models [J]. Arxiv Preprint Cs/0006025, 2000, 1(1): 8-11.

[84] Tatarnikova M, Tampel I, Oparin I, et al. Building Acoustic Models for a Large Vocabulary Continuous Speech Recognizer for Russian[C]//Proc. Specom, [S. l.]: Citeseer, 2006: 83-87.

[85] Thambiratnam K, Sridharan S. Rapid yet Accurate Speech Indexing Using Dynamic Match Lattice Spotting [J]. Audio, Speech, and Language Processing, IEEE Transactions on, 2007, 15(1): 346-357.

[86] Vazhenina D, Markov K. Evaluation of Advanced Language Modeling Techniques for Russian Lvcsr[C]//15th International Conference on Speech and Computer, Specom 2013, September 1, 2013-September 5, 2013, [S. l.]: Springer Verlag, 2013: 124-131.

[87] Vazhenina D, Markov K. Factored Language Modeling for Russian Lvcsr[C]//Awareness Science and Technology and Ubi-media Computing (icast-umedia), 2013 International Joint Conference on, [S. l.]: IEEE, 2013: 205-211.

[88] Vazhenina D, Markov K. Phoneme Set Selection for Russian Speech Recognition[C]// Natural Language Processing Andknowledge Engineering (nlp-ke), 2011 7th International Conference on, [S. l.]: IEEE, 2011: 475-478.

[89] Vazhenina D, Markov K. Phoneme Set Selection for Russian Speech Recognition[C]//7th International Conference on Natural Language Processing and Knowledge Engineering, Nlp-ke 2011, November 27, 2011-November 29, 2011, [S. l.]: IEEE Computer Society, 2011: 475-478.

[90] Vazhenina D, Markov K. Recent Developments in the Russian Speech Recognition Technology[C]//9th IEEE/acis International Conference on Computer and Information Science, Icis 2010, August 18, 2010-August 20, 2010, [S. l.]: IEEE Computer Society, 2010: 535-537.

[91] Vazhenina D, Markov K. Sequence Memoizer Based Language Model for Russian Speech Recognition[C]//Spoken Language Technologies for Under-resourced Languages, [S. l.]: [s. n.], 2014: 183-187.

[92] Vazhenina D, Markov K. Speech and Computer [M]. [S. l.]: Springer, 2013: 124-131.

[93] Vintsyuk T. K. Speech Discrimination by Dynamic Programming [J]. Cybernetics and Systems Analysis, 1968, 4(1): 52-57.

[94] Waibel A, Hanazawa T, Hinton G, et al. Phoneme Recognition Using Time-delay Neural Networks [J]. Acoustics, Speech and Signal Processing, IEEE Transactions on, 1989, 37 (3): 328-339.

[95] Welch, Lloyd R. Hidden Markov Models and the Baum-Welch Algorithm [J]. IEEE Information Theory Society Newsletter, 2003, 53(2): 194-211.

[96] Whittaker E. W. D, Woodland P. C. Language Modelling for Russian and English Using Words and Classes [J]. Computer Speech and Language, 2003, 17(1): 87-104.

[97] Witbrock M. J, Hauptmann A. G. Using Words and Phonetic Strings for Efficient Information Retrieval from Imperfectly Transcribed Spoken Documents[C]//Proceedings of the Second Acm International Conference on Digital Libraries, [S. l.]: Acm, 1997: 30-35.

[98] Woodland P. C, Povey D. Large Scale Discriminative Training of Hidden Markov Models for Speech Recognition [J]. Computer Speech & Language, 2002, 16(1): 25-47.

[99] Xiaohui zhang, Trmal J, Povey D, et al. Improving Deep Neural Network Acoustic Models Using Generalized Maxout Networks[C]//Acoustics, Speech and Signal Processing (icassp), 2014 IEEE International Conference on, [S. l.]: IEEE, 2014: 215-219.

[100] Zablotskiy S, Shvets A, Sidorov M, et al. Speech and Language Resources for Lvcsr of Russian. [C]//Lrec, [S. l.]: Citeseer, 2012: 3374-3377.

[101] Zablotskiy S, Zablotskaya K, Minker W. Some Approaches for Russian Speech Recognition [C]//2010 6th International Conference on Intelligent Environments, Ie 2010, July 19, 2010-July 21, 2010, [S. l.]: IEEE Computer Society, 2010: 96-99.

[102] Zaidan O. F, Callison-burch C. Crowdsourcing Translation: Professional Quality from Non-professionals [C]//Proceedings of the 49th Annual Meeting of the Association for Computational Linguistics: Human Language Technologies-volume 1, [S. l.]: Association for Computational Linguistics, 2011: 1220-1229.

[103] Zulkarneev M, Grigoryan R, Shamraev N. Acoustic Modeling with Deep Belief Networks for Russian Speech Recognition[C]//15th International Conference on Speech and Computer, Specom 2013, September 1, 2013-September 5, 2013, [S. l.]: Springer Verlag, 2013: 17-24.

[104] Бабин Д, Мазуренко И, Холоденко А. О перспективах создания системы автоматического распознавания слитной устной русской речи[J]. Интеллектуальные системы, 2004, 8(1): 45-70.

[105] Богославский С. Н. Область применения искусственных нейронных сетей и перспективы их развития [J]. Политематический сетевой электронный научный журнал Кубанского государственного аграрного университета, 2007, (27).

[106] Бондаренко И, Федяев О. Анализ эффективности метода нечёткого сопоставления образов для распознавания изолированных слов [C]//Сб. тр. Vi междунар. науч. конф. Интеллектуальный анализ информации ИАИ-2006, [S. l.]: [s. n.], 2006: 20-27.

[107] Важенина Д. А, Кипяткова И. С, Марков К. П, et al. Методика выбора фонемного набора для автоматического распознавания русской речи[J]. Труды СПИИРАН, 2014, 5(36): 92-

113.

[108] Галунов В, Гарбарук В. Акустическая теория речеобразования и системы фонетических признаков[C]//Материалы международной конференции, [S. l.]: [s. n.], 2001.

[109] Галунов В, Соловьев А. Современные проблемы в области распознавания речи [J]. Информационные технологии и вычислительные системы, 2004, (2): 41-45.

[110] Гришина Е. Устная речь в Национальном корпусе русского языка[J]. Национальный корпус русского языка, 2003, 2005: 94-110.

[111] Ермоленко Т. Разработка системы распознавания изолированных слов русского языка на основе вейвлет-анализа[J]. Искусственный интеллект, 2005, (4): 595-601.

[112] Зубань Ю. А, Скляров И, ZubanY. O. et al. Система распознавания голосовых команд[J]. 2007, 3(1): 178-182.

[113] Кипяткова И, Карпов А. Модуль фонематического транскрибирования для системы распознавания разговорной русской речи[J]. 2008, 1(1): 1-6.

[114] Кипяткова И. С, Карпов А. А. Автоматическая обработка и статистический анализ новостного текстового корпуса для модели языка системы распознавания русской речи [J]. Информационно-управляющие системы, 2010 (4).

[115] Кипяткова И. С, Карпов А. А. Разработка и исследование статистической модели русского языка[J]. Труды СПИИРАН, 2010, 12(0): 35-49.

[116] Кипяткова И. С, Карпов А. А. Эксперименты по распознаванию слитной русской речи с использованием сверхбольшого словаря[J]. Труды СПИИРАН, 2010, 1(12): 63-74.

[117] Колоколов А. С. Предварительная обработка и сегментация речевого сигнала в частотной области для распознавания речи[J]. Автоматика и телемеханика, 2003, (6): 152-162.

[118] Круглов В. В, Борисов В. Искусственные нейронные сети. Теория и практика [M]. [S. l.]: Горячая линия-Телеком М. , 2002: 18-41.

[119] Ле Н. В, Панченко Д. Распознавание речи на основе искусственных нейронных сетей[C]// Международная научная конференция Технические науки в России и за рубежом, [S. l.]: \ Издательство Молодой ученый, Ваш полиграфический партнер, 2011: 8-11.

[120] Некрасова Е. Искусственные нейронные сети[J]. наука настоящего и будущего, 2015, 12 (1): 36.

[121] Пилипенко В. Распознавание дискретной и слитной речи из сверхбольших словарей на основе выборки информации из баз данных[J]. Искусственный интеллект, 2006, (3): 548-557.

[122] Потапова Р. К. Речь, коммуникация, информация, кибернетика[M]. М. , 2003, 293-305.

[123] Рабинер Л. Скрытые марковские модели и их применение в избранных приложениях при распознавании речи: Обзор[J]. Труды ИИЭР, 1989, 77(2): 123-129.

[124] Ронжин А,Карпов А,Ли И. Система автоматического распознавания русской речи Sirius[J]. Искусственный интеллект, 2005, 3: 590-601.

[125] Ронжин А, Карпов А, Лобанов Б, et al. Фонетико-морфологическая разметка речевых корпусов для распознавания и синтеза русской речи [J]. Информационно-управляющие системы, 2006, (6): 24-35.

[126] Ронжин А, Ли И. Автоматическое распознавание русской речи[J]. Вестник Российской академии наук, 2007, 77(2): 133-138.

[127] Савченко В, Акатьев Д, Карпов Н. Автоматическое распознавание элементар-ных речевых единиц методом обеляющего фильтра[J]. Изв. вузов России. Радиоэлектроника, 2007, 1(4): 35-42.

[128] Савченко В. Автоматическое распознавание речи на основе кластерной модели минимальных речевых единиц в метрике Кульбака-Лейблера [J]. Известия ВУЗов России.-Радиоэлектроника, 2011, (3): 9-19.

[129] Савченко В. В. Метод фонетического декодирования слов в задаче автоматического распознавания речи[J]. Известия ВУЗов России.-Радиоэлектроника, 2009, (5): 41-49.

[130] Холоденко А. О построении статистических языковых моделей для систем распознавания русской речи[J]. Интеллектуальные системы, 2002, 6(1): 381-394.

[131] Чучупал В, Маковкин К, Чичагов А. К вопросу об оптимальном выборе алфавита моделей звуков русской речи для распознавания речи[J]. Искусственный интеллект, 2002, 4(1): 575-579.

[132] ColemanJohn. 语音语言处理导论[M]. 北京：北京大学出版社，2010：1-299.

[133] JurafskyDaniel,Jamesh. martin. 自然语言处理综论[M]. 冯志伟，等译. 北京：电子工业出版社，2005：146-175.

[134] Jurafsky Daniel, Jamesh. martin. 语音与语言处理(自然语言处理、计算语言学和语音识别导论)[M]. 2 版. 北京：人民邮电出版社，2012：319-394.

[135] R. rabiner Lawrence, W. schafer Ronald. 数字语音处理理论与应用(英文版)[M]. 北京：电子工业出版社，2011：950-992.

[136] 包叶波. 基于深层神经网络的声学特征提取及其在 LVCSR 系统中的应用[D]. 合肥：中国科学技术大学，2014.

[137] 陈昊，吐尔根・依布拉音，卡哈尔江・阿比的热西提，等. 基于众包的维吾尔语事件标注研究[J]. 新疆大学学报(自然科学版)，2015，1(2)：209-214，220.

[138] 陈硕. 深度学习神经网络在语音识别中的应用研究[D]. 广州：华南理工大学，2013.

[139] 樊雅琴，王炳皓，王伟，等. 深度学习国内研究综述[J]. 中国远程教育，2015，1(6)：27-33，79.

[140] 飞龙,高光来,鲍玉来. 蒙古语电话语音语料库的建立[J]. 内蒙古大学学报(自然科学版), 2013, 44(3): 320-323.

[141] 冯志伟. 自然语言处理的形式模型[M]. 合肥: 中国科学技术大学出版社, 2010: 457-552.

[142] 俸云,景新幸,叶懋. MFCC 特征改进算法在语音识别中的应用[J]. 计算机工程与科学, 2009, 1(12): 146-148.

[143] 郭雷. 统计语言模型分析[J]. 软件导刊, 2011, 1(11): 72-73.

[144] 国际语音学会,江荻译. 国际语音学会手册(国际音标使用指南)[M]. 上海: 上海教育出版社, 2008: 1-54.

[145] 韩纪庆,张磊,郑铁然. 语音信号处理[M]. 北京: 清华大学出版社, 2013: 165-276.

[146] 胡航. 现代语音信号处理[M]. 北京: 电子工业出版社, 2014: 257-299.

[147] 蒋瑞. 基于 ANN/HMM 混合模型汉语大词表连续语音识别系统建立[D]. 哈尔滨: 哈尔滨工业大学, 2012.

[148] 靳双燕. 基于隐马尔可夫模型的语音识别技术研究[D]. 郑州: 郑州大学, 2013.

[149] 李爱军,王天庆,殷治纲. 863 语音识别语音语料库 RASC863——四大方言普通话语音库[C]//第七届全国人机语音通讯学术会议(NCMMSC7)论文集, 北京: 2003: 274-277.

[150] 李立永,张连海. 基于区分性特征的音素识别[J]. 信息工程大学学报, 2013, 1(6): 692-699.

[151] 李立永. 基于区分性特征的音素识别技术研究[D]. 郑州: 解放军信息工程大学, 2013.

[152] 李鹏,徐波. 单词自动注音方法的研究[J]. 清华大学学报(自然科学版), 2007, 1(1): 125-130.

[153] 李勇军,缑西梅. 基于"众包"的软件开发模式[J]. 计算机系统应用, 2014, 1(6): 7-10.

[154] 林穗芳. 俄文用拉丁字母转写办法[J]. 科技与出版, 2003, 1(1): 66-67.

[155] 刘博,杨鸿武,甘振业,等. 面向藏语机读音标 SAMPA-T 的字音转换[C]//中国中文信息学会, 西安: [第十一届全国人机语音通讯学术会议], 2011: 154-155.

[156] 陆遥. 语音识别剪枝算法研究[D]. 北京: 北京邮电大学, 2012.

[157] 那斯尔江·吐尔逊,吾守尔·斯拉木. 基于隐马尔可夫模型的维吾尔语连续语音识别系统[J]. 计算机应用, 2009, 1(7): 2009-2011, 2025.

[158] 乔剑敏,张仰森. 词义标注一致性检验系统的设计与实现[J]. 中文信息学报, 2010, 1(4): 44-51.

[159] 饶耀全. 基于 HTK 的汉语连续语音识别系统的设计与实现[D]. 合肥: 安徽大学, 2011.

[160] 沈映泉,刘勇进,蔡骏,等. 利用人类计算技术的语音语料库标注方法及其实现[J]. 智能系统学报, 2009, 1(3): 270-277.

[161] 郜阳. 基于众包的语料标注系统设计与实现[D]. 大连: 大连理工大学, 2013.

[162] 通拉嘎. 面向智能信息处理的语料库标注质量影响因子——从《汉语人名拉丁转写方案》的

设计谈起[J]. 图书馆学刊，2015，1(1)：29-31.

[163] 王彪. 一种改进的 MFCC 参数提取方法[J]. 计算机与数字工程，2012，1(4)：19-21.

[164] 王贺福. 统计语言模型应用与研究[D]. 上海：复旦大学，2012.

[165] 夏恩君，赵轩维，李森. 国外众包研究现状和趋势[J]. 技术经济，2015，34(1)：28-36.

[166] 信德麟，张会森，华劭. 俄语语法[M]. 2 版. 北京：外语教学与研究出版社，2009：1-92.

[167] 邢四为. 基于 JSON 的信息交互系统的研究与实现[D]. 合肥：安徽大学，2013.

[168] 徐双印. 连续语音识别中的区分性训练技术[D]. 郑州：解放军信息工程大学，2013.

[169] 薛少飞，宋彦，戴礼荣. 基于多 GPU 的深层神经网络快速训练方法[J]. 清华大学学报(自然科学版)，2013，1(6)：745-748.

[170] [英]戴维·克里斯特尔编. 现代语言学词典[M]. 沈家煊，译. 北京：商务印书馆，2000：332.

[171] 尹明明. 连续语音识别解码技术的研究[D]. 郑州：解放军信息工程大学，2011.

[172] 俞士汶，朱学锋，段慧明. 大规模现代汉语标注语料库的加工规范[J]. 中文信息学报，2000，1(6)：58-64.

[173] 翟明新. 统计语言模型平滑技术和压缩技术的研究与实现[D]. 西安：西安电子科技大学，2012.

[174] 张耘凡，柳平增，马鸿健，等. 一种基于 JSON 的分布式系统架构[J]. 中国农机化学报，2015，15：255-257，266.

[175] 张子荣，初敏. 解决多音字字-音转换的一种统计学习方法[J]. 中文信息学报，2002，16(3)：39-45.

[176] 赵坤，梁维谦，刘润生. 一种面向字音转换的决策树算法[J]. 清华大学学报(自然科学版)网络. 预览，2008，110)：1625-1627.

[177] 赵力. 语音信号处理[M]. 2 版. 北京：机械工业出版社，2011：191-237.

[178] 赵世举. 语言与国家[M]. 北京：商务印书馆，2015：104.

[179] 赵作英. 俄语语音[M]. 北京：外语教学与研究出版社，2013：1-199.

[180] 周俊. 基于 HMM 连续语音识别中关键技术的改进算法研究[D]. 上海：上海师范大学，2012.

[181] 周盼. 基于深层神经网络的语音识别声学建模研究[D]. 合肥：中国科学技术大学，2014. 区

[182] 宗成庆. 统计自然语言处理[M]. 北京：清华大学出版社，2008：74-104.

[183] 邹法欣. 语音语料库的设计与实现[D]. 南宁：广西师范大学，2012

图书资源支持

感谢您一直以来对清华版图书的支持和爱护。为了配合本书的使用，本书提供配套的资源，有需求的读者请扫描下方的“书圈”微信公众号二维码，在图书专区下载，也可以拨打电话或发送电子邮件咨询。

如果您在使用本书的过程中遇到了什么问题，或者有相关图书出版计划，也请您发邮件告诉我们，以便我们更好地为您服务。

我们的联系方式：

地　　址：北京市海淀区双清路学研大厦 A 座 701

邮　　编：100084

电　　话：010－62770175－4608

资源下载：http://www.tup.com.cn

客服邮箱：tupjsj@vip.163.com

QQ：2301891038（请写明您的单位和姓名）

资源下载、样书申请

书圈

扫一扫，获取最新目录

用微信扫一扫右边的二维码，即可关注清华大学出版社公众号“书圈”。